全国一级造价工程师职业资格考试一本通

建设工程技术与计量（土木建筑工程）备考一本通

（2022版）

主　编　左红军
副主编　孙　琦
主　审　吴新华

机械工业出版社

"全国一级造价工程师职业资格考试一本通"丛书是专为全国一级造价工程师职业资格考试打造的教材配套辅导用书。内容涵盖考点框架体系、核心考点精粹和解析，以及对应考点经典真题训练。

本书有三大特色：一是从全局入手，建立脉络清晰的考点框架；二是通过统计各考点在往年考试中的出现频率，判定考点重要级别，精炼重中之重，帮助考生在短时间内掌握关键内容，读薄教材；三是列举与考点相对应的经典真题，便于考生自测，通过做题训练来理解、掌握并学会运用重要考点。

本书主编为一级造价工程师著名培训专家左红军教授。他将其21年的培训经验，以及多次参与一级造价工程师职业资格考试命题、审题、拟定标准答案的工作经验，融入本书的编写中，希望点亮一盏明灯，照亮广大考友的通关之路。

本书适用于2022年参加一级造价工程师职业资格考试的考生，同时可作为建造师、监理工程师、二级造价工程师考试的重要参考资料，也可作为造价从业者的参考用书。

图书在版编目（CIP）数据

建设工程技术与计量（土木建筑工程）备考一本通：2022版/左红军主编. —北京：机械工业出版社，2021.5

全国一级造价工程师职业资格考试一本通

ISBN 978-7-111-68105-2

Ⅰ.①建… Ⅱ.①左… Ⅲ.①土木工程–建筑造价管理–资格考试–自学参考资料 Ⅳ.①TU723.3

中国版本图书馆CIP数据核字（2021）第076119号

机械工业出版社（北京市百万庄大街22号　邮政编码100037）
策划编辑：汤　攀　责任编辑：汤　攀　刘　晨
责任校对：刘时光　封面设计：马精明
责任印制：单爱军
北京虎彩文化传播有限公司印刷
2022年1月第1版第1次印刷
184mm×260mm · 9印张 · 198千字
标准书号：ISBN 978-7-111-68105-2
定价：45.00元

电话服务　　　　　　　　　　网络服务
客服电话：010-88361066　　机 工 官 网：www.cmpbook.com
　　　　　010-88379833　　机 工 官 博：weibo.com/cmp1952
　　　　　010-68326294　　金 书 网：www.golden-book.com
封底无防伪标均为盗版　机工教育服务网：www.cmpedu.com

前　言

本书按照《全国一级造价工程师职业资格考试大纲》和《建设工程技术与计量（土木建筑工程）》的要求，结合历年真题进行了系统的考点剖析，从根源上解决了"知识繁杂难掌握、范围太大难锁定"的应试通病。

考点提炼是技术与计量考试科目顺利通过的保障，能为广大考生节约70%的学习时间，考试通关指日可待。所以，本书是考生应试的必备宝典。

一、本书内容

1. 第一章

本章知识点对于造价工作者来说较为陌生，实际工作接触较少。其典型特点是"考点面广，难成体系"，要求考生对本章知识点深入浅出地理解，高度概括地总结，方便考生迅速掌握工程地质的基础概念，结合生活及工作的实际内容，通过相应的习题练习加以巩固。

2. 第二章

本章的知识点有五大类，分为民用建筑、工业建筑、道路工程、桥涵工程和地下工程。每类工程对于从事相关专业造价工作的考生来说不算陌生，学习难度不大。但由于本章知识点的专业性较强，专业术语和理论较多，非专业考生很难在短时间里全面掌握，要求考生重在听课理解基本原理，结合生活常识记住考点。

3. 第三章

本章的知识点以三大主材为重点，以功能材料为难点，涉及工程造价的源头，需把握材料性能和适用范围。要求考生在理解钢筋、水泥和砂石的基础上，牢牢掌握关于混凝土的所有知识点。配合本书精炼的内容，结合编者的讲解，迅速掌握必备的考点。

4. 第四章

本章的知识点以施工程序为主线，从地基基础、主体结构、屋面工程到装饰装修工程，重点在地基基础。有关"舍弃第四章"的学习方法，编者认为是不妥当的，结合历年真题，是可以找到这一章的重点考点的。这里要求考生对于本章的学习采取"吃肉弃骨头"的学习方法。

5. 第五章

本章是全书的重点所在，分值在30分以上，既是工程造价的实操基础，也是案例分析第五题的主干，要求考生对本章知识点的掌握必须精益求精。请注意，本章的内容与案例分析第五题考点同宗同源但考法不同，考生在学习的过程中要注意思路上面的区别。

二、通关技巧

1. 背书肯定考不过

在应试学习过程中,只靠背诵教材考点是肯定考不过的,切记!本书框架是基础、细节填充是前提、自主总结是核心、做题理解是辅助。特别是非专业考生,需尽可能借助编者授课过程中的大量图表去理解每一个知识体系的内容。

2. 勾画教材考不过

从 2014 年开始通过勾画教材进行押题的做法已经成为"历史上的传说",技术与计量考题的显著特点是以知识体系为基础的"海阔天空",试题本身的难度并不大,但涉及的面较广。考生必须首先建立起属于自己的知识体系,然后通过习题的反复训练,达到在框架中填充细节的目的。

3. 只听不练难通过

对于非专业考生,听课对搭建框架和突破体系会有很大帮助,但听课不是考试通关的唯一条件。听完课后要配合本书知识点进行细节填充,反复矫正思路,形成考点思维。

4. 三遍梳理保通关

综上所述,技术与计量考试的内容在教材中都有体现,因此要求考生对本书的内容做到三遍成活:

第一遍:重体系框架、知识理解,本书通篇内容都要学习。

第二遍:重细节填充、归纳总结,本书内容学会举一反三。

第三遍:重查漏补缺、错题难题,本书作为笔记快速复习。

三、超值服务

凡购买本书的考生,还可免费享受以下超值服务:

(1)备考纯净学习群:群内会定期分享核心备考所需资料,全国考友齐聚此群交流分享学习心得。QQ 群号:638352108。

(2)20 节左右配套知识点讲解:由左红军师资团队,根据本书内容及最新考试方向精心录制的配套视频课程,根据备考进度实时更新,帮助考生无死角全面掌握书中每一个考点。

(3)2021 年最新备考资料:电子版考点记忆手册、历年真题试卷、2021 年精品课程、专用刷题小程序。

(4)1V1 专属班主任:持续发送最新备考资料、监督学习进度、提供最新考情通报。

本书编写过程中得到了业内多位专家的启发和帮助,在此深表感谢!周仁勤、雒奇奇、赵文艺、王卓、胡燕翔、王欣月、马佳瑞、夏浩利、莫炼、刘伟、刘晖、杨舒宇、顾晓勇、李华琳、何少佳、聂樊、姚鹏飞、张培林、项届、张洪庆、苏涛、钱鑫、张兴花、黄秋玲、段汝鑫、谢双全、张珉溪、马仕梅、吴天祥、李赛、罗威、孙卫玲、赵小波、王嘉媛、孙海丽、李婧、国婷婷、康淇威、庄俊杰、石华伟、张维平、李雪双、韩冬、汪艳霞、吴海燕、蔡庆乐、孙斐斐、韦彩艳、赵建兴、谈秋忱等人参与了本书的资料收集、整理、校对和编写等工作，在此一并致谢。由于时间和水平有限，书中难免有疏漏和不当之处，敬请广大读者批评指正。

愿我们的努力能够帮助广大考生一次性顺利通关！

编 者

目　　录

前言

第一章　工程地质 … 1
第一节　岩体的特征 … 1
第二节　地下水的类型与特征 … 6
第三节　常见工程地质问题及其处理方法 … 8
第四节　工程地质对工程建设的影响 … 13

第二章　工程构造 … 16
第一节　工业与民用建筑工程的分类、组成及构造 … 16
第二节　道路、桥梁、涵洞工程的分类、组成及构造 … 23
第三节　地下工程的分类、组成及构造 … 32

第三章　工程材料 … 36
第一节　建筑结构材料 … 36
第二节　建筑装饰材料 … 49
第三节　建筑功能材料 … 53

第四章　工程施工技术 … 57
第一节　建筑钢材施工技术 … 57
第二节　道路、桥梁与涵洞工程施工技术 … 70
第三节　地下工程施工技术 … 77

第五章　工程计量 … 84
第一节　工程计量的基本原理与方法 … 84
第二节　建筑面积计算 … 89
第三节　工程量计算规则与方法 … 100

第一章

工程地质

第一节 岩体的特征

一、框架体系

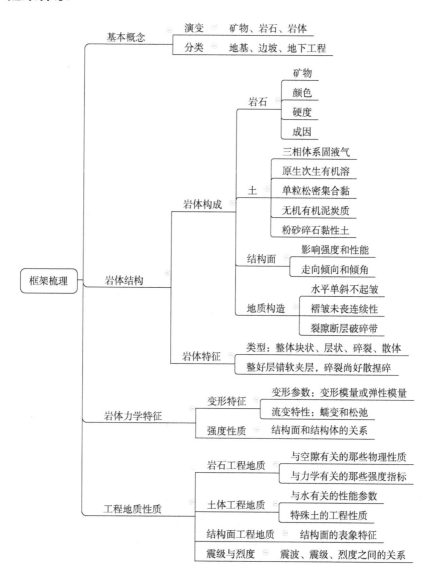

二、考情分析

考点	2016 单	2016 多	2017 单	2017 多	2018 单	2018 多	2019 单	2019 多	2020 单	2020 多	2021 单	2021 多
岩体结构	1	1	1	1	1	1	1	0	1	1	0	1
岩体力学特征	0	0	0	0	0	0	0	0	0	0	1	0
岩体的工程地质性质	0	0	0	0	0	0	0	0	0	0	0	0

注：因教材经过历次改版，部分真题已不适用于现行规范及教材，故统计历年真题考核情况时剔除了不适用题目，全书余同，不再赘述。

三、考点详解

考点一、岩体的结构

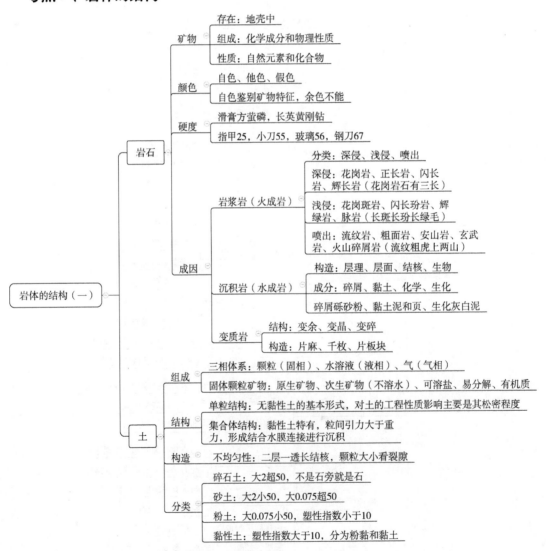

经典真题

1. 下列造岩矿物中硬度最高的是（ ）。
  A. 方解石　　　　B. 长石　　　　C. 萤石　　　　D. 磷灰石

【答案】B

【解析】滑膏方莹磷，长英黄刚钻。

2. 以下矿物可用玻璃刻划的有（ ）。
  A. 方解石　　　　B. 滑石　　　　C. 刚玉　　　　D. 石英
  E. 石膏

【答案】ABE

【解析】滑膏方莹磷，长英黄刚钻。指甲25，小刀55，玻璃56，钢刀67。

3. 黏性土的塑性指数（ ）。
  A. >2　　　　B. <2　　　　C. >10　　　　D. <10

【答案】C

【解析】黏性土：塑性指数大于10，分为粉黏和黏土。

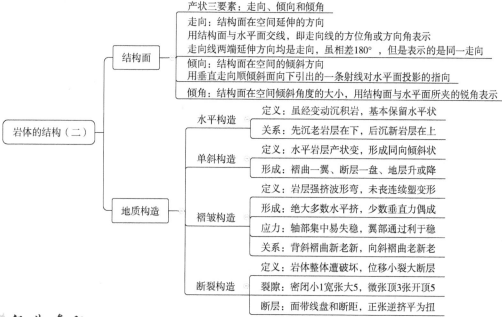

经典真题

1. 褶皱构造是（ ）。
  A. 岩层受构造力作用形成一系列波状弯曲且未丧失连续性的构造
  B. 岩层受构造力作用形成一系列波状弯曲且丧失连续性的构造
  C. 岩层受水平挤压力作用形成一系列波状弯曲而丧失连续性的构造
  D. 岩层受垂直力作用形成一系列波状弯曲而丧失连续性的构造

【答案】A

【解析】定义：岩层强挤波形弯，未丧连续塑变形。

2. 在有褶皱构造的地区进行隧道工程设计,选线的基本原则是(　　)。
   A. 尽可能沿褶曲构造的轴部　　　B. 尽可能沿褶曲构造的翼部
   C. 尽可能沿褶曲构造的向斜轴部　D. 尽可能沿褶曲构造的背斜核部

【答案】B

【解析】应力:轴部集中易失稳,翼部通过利于稳。

3. 构造裂隙可分为张性裂隙和扭性裂隙,张性裂隙主要发育在背斜和向斜的(　　)。
   A. 横向　　　　B. 纵向　　　　C. 轴部　　　　D. 底部

【答案】C

【解析】轴部集中应力大。

考点二、岩体的力学特征

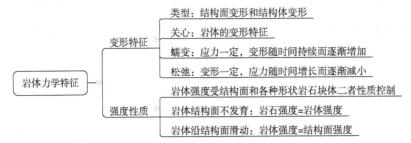

经典真题

1. 工程岩体沿某一结构面产生整体滑动时,其岩体强度完全受控于(　　)。
   A. 结构面强度　　　　　　　　B. 节理的密集性
   C. 母岩的岩性　　　　　　　　D. 层间错动幅度

【答案】A

【解析】岩体沿结构面滑动,岩体强度＝结构面强度。

考点三、岩体的工程地质性质

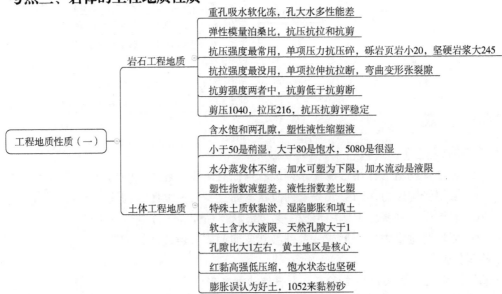

经典真题

1. 不宜作为建筑物地基填土的是（   ）。
   A. 堆填时间较长的砂土　　　　　　B. 经处理后的建筑垃圾
   C. 经压实后的生活垃圾　　　　　　D. 经处理后的一般工业废料

【答案】C

【解析】生活垃圾不可用，1052来黏粉砂。

2. 某竣工验收合格的引水渠工程，初期通水后两岸坡体出现了很长的纵向裂缝，并出现局部地面下沉，该地区土质可能为（   ）。
   A. 红黏土　　　B. 软岩　　　C. 砂土　　　D. 湿陷性黄土

【答案】D

【解析】湿陷性黄土遇水湿陷。

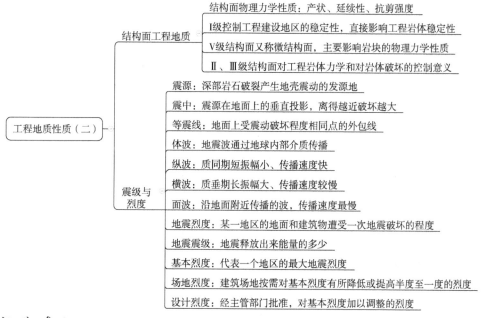

经典真题

1. 对于地震，工程建设不可因地质条件和建筑物性质进行调整的有（   ）。
   A. 震级　　　　　　　　　　　　B. 建筑场地烈度
   C. 设计烈度　　　　　　　　　　D. 基本烈度
   E. 震源深度

【答案】ADE

【解析】场地烈度可升降，设计烈度只能升。

2. 关于地震烈度的说法，正确的是（   ）。
   A. 地震烈度是按一次地震所释放的能量大小来划分

B. 建筑场地烈度是指建筑场地内的最大地震烈度
C. 设计烈度需根据建筑物的要求适当调低
D. 基本烈度代表一个地区的最大地震烈度

【答案】C

【解析】设计烈度只能提高。

第二节　地下水的类型与特征

一、框架体系

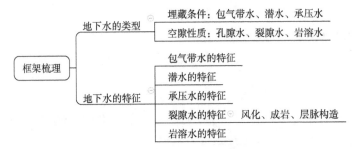

二、考情分析

考点	2016		2017		2018		2019		2020		2021	
	单	多	单	多	单	多	单	多	单	多	单	多
地下水的类型	1	0	1	0	0	0	1	0	1	0	1	1
地下水的特征	0	0	0	0	1	0	0	0	0	0	0	0

三、考点详解

考点一、地下水的类型

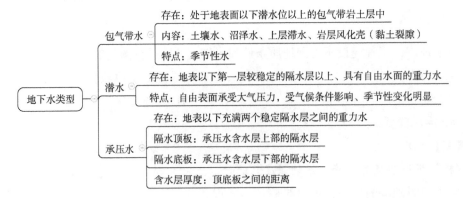

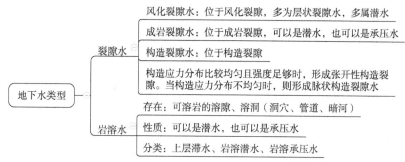

经典真题

1. 岩层以上裂隙水中的潜水常为（　　）。
   A. 包气带水　　　　B. 承压水　　　　C. 无压水　　　　D. 岩溶水

【答案】C

【解析】潜水常为无压水。

2. 常处于第一层隔水层以上的重力水为（　　）。
   A. 包气带水　　　　B. 潜水　　　　C. 承压水　　　　D. 裂隙水

【答案】B

【解析】潜水为重力水。

考点二、地下水的特征

地下水特征		
	包气带水	埋藏浅，分布补给一致；受气候和季节性控制，对农业有很大意义，对工程意义不大
	潜水	潜水面以上无稳定的隔水层，大气降水和地表水可直接渗入，地面坡度越大，潜水面坡度也越大，但潜水面坡度小于当地的地面坡度
	承压水	具有承压性，不受气候的影响，动态稳定，不易污染
	裂隙水	风化裂隙水：主要受大气降水补给，有明显季节性循环交替，常以泉水的形式呈现（风化裂隙大气补，季节影响常泉水）
		成岩裂隙水：多呈层状，在一定范围内相互连通
		层状构造裂隙水：可以是潜水，也可以是承压水
		脉状构造裂隙水：裂隙分布不连续，压力分布不均，水量少，水位、水量变化大
	岩溶水	有隔水作用，广泛分布在大面积露出的厚层石灰岩地区，对地下工程影响很大

经典真题

1. 以下岩石形成的溶隙或溶洞中，常赋存岩溶水的是（　　）。
   A. 安山岩　　　　B. 玄武岩　　　　C. 流纹岩　　　　D. 石灰岩

【答案】D

【解析】有隔水作用，广泛分布在大面积露出的厚层石灰岩地区，对地下工程影响很大。

2. 有明显季节性交替的裂隙水为（　　）。
   A. 风化裂隙水　　　　　　　　　　B. 成岩裂隙水
   C. 层状构造裂隙水　　　　　　　　D. 脉状构造裂隙水

【答案】A

【解析】风化裂隙大气补，季节影响常泉水。

第三节 常见工程地质问题及其处理方法

一、框架体系

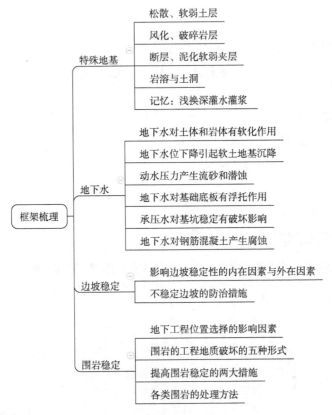

二、考情分析

考点	2016		2017		2018		2019		2020		2021	
	单	多	单	多	单	多	单	多	单	多	单	多
特殊地基	1	1	0	0	0	1	1	0	1	0	3	0
地下水	0	0	1	0	0	0	1	1	1	1	0	0
边坡稳定	1	0	0	0	0	0	0	0	0	0	0	0
围岩稳定	0	0	1	1	3	0	1	0	1	0	0	0

三、考点详解

考点一、特殊地基

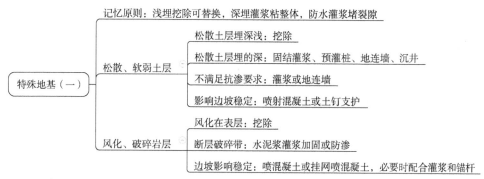

经典真题

对影响建筑物地基的深埋岩体断层破碎带,采用较多的加固处理方式是( )。

A. 开挖清除　　　　　　　　B. 桩基加固

C. 锚杆加固　　　　　　　　D. 水泥灌浆

【答案】D

【解析】断层破碎带:水泥浆灌浆加固或防渗。

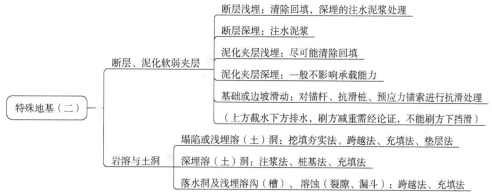

经典真题

对不能再上部刷方减重的滑坡体,为了防止滑坡常用的措施是( )。

A. 在滑坡体上方筑挡土墙　　　B. 在滑坡体坡脚筑抗滑桩

C. 在滑坡体上部筑抗滑桩　　　D. 在滑坡体坡脚挖截水沟

【答案】B

【解析】上方截水下方排水,刷方减重需经论证,不能刷方下挡滑。

考点二、地下水

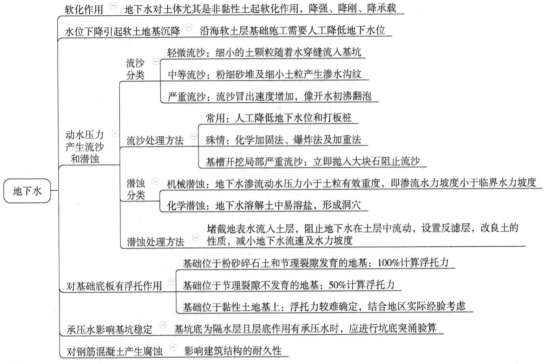

经典真题

建筑物基础位于黏性土地基上的，其地下水的浮托力（　　）。

A. 按地下水位100%计算　　　　B. 按地下水位50%计算

C. 结合地区的实际经验考虑　　　D. 不须考虑和计算

【答案】C

【解析】基础位于黏性土地基上：浮托力较难确定，结合地区实际经验综合考虑。

考点三、边坡稳定

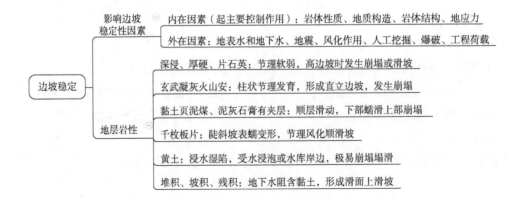

第一章　工程地质

```
                    ┌ 防渗和排水 ┬─ 滑坡体外围布置截水沟槽，截断滑坡体上的水流
                    │           ├─ 大滑坡体上需要布置一些排水沟
                    │           └─ 已渗入滑坡体的水采用地下排水廊道
                    │  削坡     ── 上部挖除，垫于坡脚，起反压作用
边坡稳定 ── 不稳定边坡的防治措施 ┤  支挡建筑 ── 下部修建，支挡建筑基础，砌在滑动面以下
                    │  锚固     ┬─ 预应力锚索或锚杆：适用于加固岩体边坡和不稳定岩块
                    │           └─ 锚固桩（或称抗滑桩）：适用于浅层或中厚层的滑坡体滑动
                    └ 其他     ── 混凝土护面、灌浆、改善滑动带土石的力学性质
```

经典真题

1. 地层岩性对边坡稳定性的影响很大，稳定程度较高的边坡岩体一般是（　　）。

A. 片麻岩　　　B. 玄武岩　　　C. 安山岩　　　D. 角砾岩

【答案】A

【解析】深侵、厚硬、片石英：一般稳定度很高，节理软弱，高边坡时发生崩塌或滑坡。

2. 边坡易直接发生崩塌的岩层的是（　　）。

A. 泥灰岩　　　B. 凝灰岩　　　C. 泥岩　　　D. 页岩

【答案】B

【解析】玄武凝灰火山安：柱状节理发育，形成直立边坡，易发生崩塌。

3. 影响岩石边坡稳定的主要地质因素有（　　）。

A. 地质构造　　　　　　B. 岩石的成因
C. 岩石的成分　　　　　D. 岩体结构
E. 地下水

【答案】ADE

【解析】内在因素（起主要控制作用）：岩体性质、地质构造、岩体结构、地应力；外在因素：地下水。

考点四、围岩稳定

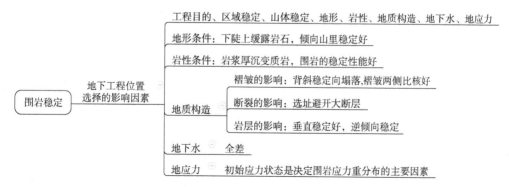

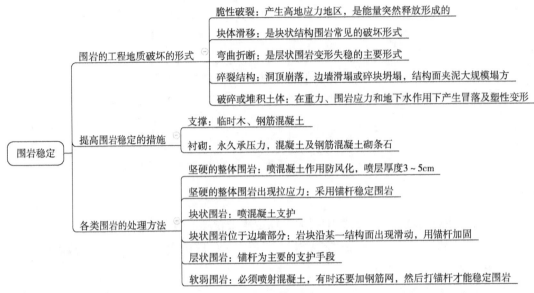

经典真题

1. 爆破后对地下工程围岩喷混凝土，对围岩的稳定起首要和内在本质作用的是（　　）。

   A. 阻止碎块松动脱落引起应力恶化

   B. 充填裂隙增加岩体的整体性

   C. 与围岩紧密结合提高围岩的抗剪强度

   D. 与围岩紧密结合提高围岩的抗拉强度

【答案】B

【解析】爆破松动提整强。

2. 隧道选线尤其应该注意避开褶皱构造的（　　）。

   A. 向斜核部　　　　　　　　　　B. 背斜核部

   C. 向斜翼部　　　　　　　　　　D. 背斜翼部

【答案】A

【解析】褶皱的影响：背斜稳定向塌落，褶皱两侧比核好。

3. 地下工程开挖后，对软弱围岩优先选用的支护方式为（　　）。

   A. 锚索支护　　　　　　　　　　B. 锚杆支护

   C. 喷射混凝土支护　　　　　　　D. 喷锚支护

【答案】C

【解析】软弱围岩：立即喷射混凝土，有时还要加钢筋网，然后打锚杆才能稳定围岩。

第四节　工程地质对工程建设的影响

一、框架体系

框架梳理
- 对工程选址的影响 —— 五大项目的应对措施
- 对建筑结构的影响 —— 三大指标的不良结果
- 对工程造价的影响 —— 三个方面的不同后果

二、考情分析

考点	2016 单	2016 多	2017 单	2017 多	2018 单	2018 多	2019 单	2019 多	2020 单	2020 多	2021 单	2021 多
工程地质对工程选址的影响	1	1	1	0	1	1	0	0	1	0	0	1	0
工程地质对建筑结构的影响	0	0	0	0	0	0	1	0	0	0	0	0
工程地质对工程造价的影响	0	0	0	0	0	0	0	0	0	0	0	0

三、考点详解

考点一、工程地质对工程选址的影响

对工程选址的影响：
- 选址的影响决定因素：各种地质缺陷影响工程安全和工程经济
- 一般中小型工程 —— 一定范围内必须注意的事项
- 大型建设工程 —— 除了中小型注意的事项以外，还要考虑区域地质构造和地质岩性形成的整体滑坡和地下水
- 特殊重要的工程 —— 除了大型注意的事项外，还要考虑地区的地震烈度
- 地下工程 —— 要考虑区域稳定性的问题
- 道路选线 —— 尽量避开断层裂谷边坡，尤其是不稳定边坡；避免经过大滑、不稳岩堆和泥石流的下方

经典真题

1. 大型建设工程的选址，对工程地质的影响还要特别注意考虑（　　）。
   A. 区域性深大断裂交汇　　　　B. 区域地质构造形成的整体滑坡
   C. 区域的地震烈度　　　　　　D. 区域内潜在的陡坡崩塌

【答案】B
【解析】大型工程除了中小型注意的事项以外，还要考虑区域地质构造和地质岩性形成的整体滑坡和地下水。

2. 隧道选线应尽可能使（　　）。
   A. 隧道轴向与岩层走向平行　　B. 隧道轴向与岩层走向夹角较小

C. 隧道位于地下水位以上　　　　　　D. 隧道位于地下水位以下

【答案】C

【解析】地下工程要考虑区域稳定性的问题。

考点二、工程地质对建筑结构的影响

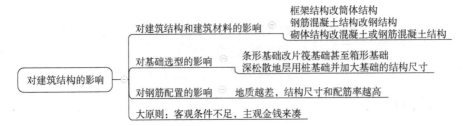

经典真题

1. 工程地质情况影响建筑结构的基础选型，在多层住宅基础选型中，出现较多的情况是（　　）。

　　A. 按上部荷载本可选片筏基础的，因地质缺陷而选用条形基础
　　B. 按上部荷载本可选条形基础的，因地质缺陷而选用片筏基础
　　C. 按上部荷载本可选箱形基础的，因地质缺陷而选用片筏基础
　　D. 按上部荷载本可选桩基础的，因地质缺陷而选用条形基础

【答案】B

【解析】条形基础改片筏基础甚至箱形基础，深松散地层用桩基础并加大基础的结构尺寸。

2. 地层岩性和地质构造主要影响房屋建筑的（　　）。

　　A. 结构选型　　　　　　　　　　　B. 建筑造型
　　C. 结构尺寸　　　　　　　　　　　D. 构造柱的布置
　　E. 圈梁的布置

【答案】AC

【解析】①对建筑结构选型和建筑材料选择的影响；②对基础选型和结构尺寸的影响；③对钢筋配置的影响。

考点三、工程地质对工程造价的影响

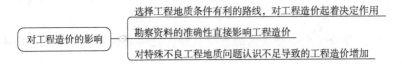

经典真题

应避免因工程地质勘查不详而引起工程造价增加的情况是（　　）。

A. 地质对结构选型的影响　　　　　B. 地质对基础选型的影响
C. 设计阶段发现特殊不良地质条件　　D. 施工阶段发现特殊不良地质条件

【答案】D

【解析】 由于对特殊不良工程地质问题认识不足导致的工程造价增加。

第二章 工程构造

第一节 工业与民用建筑工程的分类、组成及构造

一、框架体系

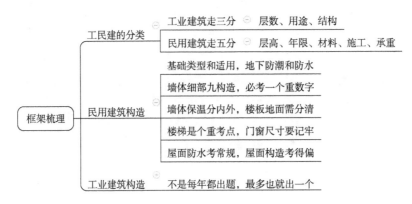

二、考情分析

考点	2016		2017		2018		2019		2020		2021	
	单	多	单	多	单	多	单	多	单	多	单	多
工业与民用建筑工程的分类及应用	4	0	3	0	0	0	1	1	2	1	1	1
民用建筑构造	0	2	2	2	4	3	4	1	2	2	3	2
工业建筑构造	0	0	0	1	0	0	0	1	1	0	1	0

三、考点详解

考点一、工业与民用建筑工程的分类及应用

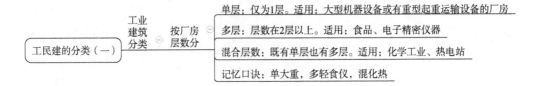

第二章 工程构造

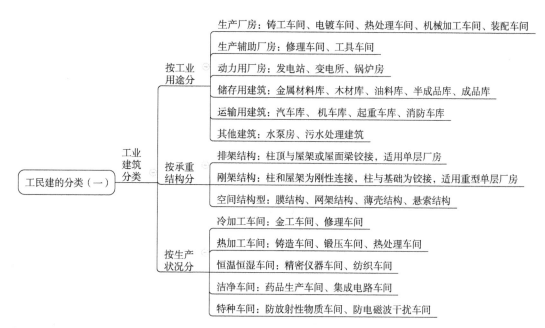

经典真题

1. 按建筑物承重结构形式分类，网架结构属于（　　）。
   A. 排架结构　　　　　　　　B. 刚架结构
   C. 混合结构　　　　　　　　D. 空间结构

   【答案】D

   【解析】空间结构型：膜结构、网架结构、薄壳结构、悬索结构。

2. 柱与屋架铰接连接的工业建筑结构是（　　）。
   A. 网架结构　　　　　　　　B. 排架结构
   C. 钢架结构　　　　　　　　D. 空间结构

   【答案】B

   【解析】排架结构：柱顶与屋架或屋面梁铰接，适用于单层厂房。

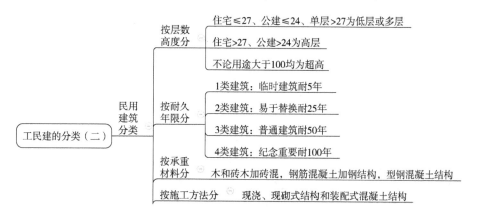

17

			混合结构：6层以下
			框架结构：同时承受竖向荷载和水平荷载，平面布置灵活，可形成较大建筑空间，但侧向刚度较小
			剪力墙体系：墙体抵抗水平力，既承垂荷又承平荷，厚度大于160mm，墙长不超过8m，建筑高度小于180m，虽然侧向刚度大，但平面布置不灵活，不适用于大空间的公共建筑
工民建的分类（二）	民用建筑分类	按承重体系分	框架-剪力墙体系：既有较大空间，又有侧向刚度较大的优点，剪力墙承受水平荷载，框架承受垂直荷载，建筑高度小于170m
			筒体结构体系：是抵抗水平荷载最有效的结构体系，适用于高度小于300m的建筑
			桁架结构体系：杆件只有轴向力，材料强度足发挥，较小杆件成大件
			网架结构体系：全优
			拱式结构体系：内力主要是轴向压力，适用于体育馆、展览馆，拱可分为三铰、两铰和无铰
			悬索结构体系：跨度160m，适用于体育馆、展览馆中，主要承重构件是受拉的钢索，材料为高强度钢绞线或钢丝绳
			薄壁空间结构（壳体结构）：承受曲面内的轴向压力，适用于大跨度的屋盖结构，如展览馆、俱乐部、飞机库
			记忆口诀：混合框架剪力墙，框剪筒体和桁架，网架拱悬薄空间（注意与承重材料区分）

经典真题

1. 房间多为开间3m、进深6m的4层办公楼常用的结构形式为（　　）。

 A. 木结构 B. 砖木结构

 C. 砖混结构 D. 钢结构

【答案】C

【解析】混合结构：6层以下。

2. 建飞机库应优先考虑的承重体系是（　　）。

 A. 薄壁空间结构体系 B. 悬索结构体系

 C. 拱式结构体系 D. 网架结构体系

【答案】A

【解析】薄壁空间结构（壳体结构）：适用于展览馆、俱乐部、飞机库。

考点二、民用建筑构造

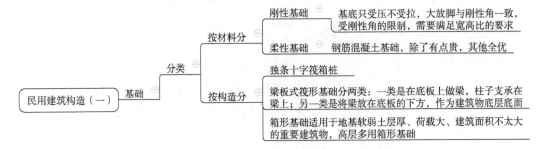

第二章 工程构造

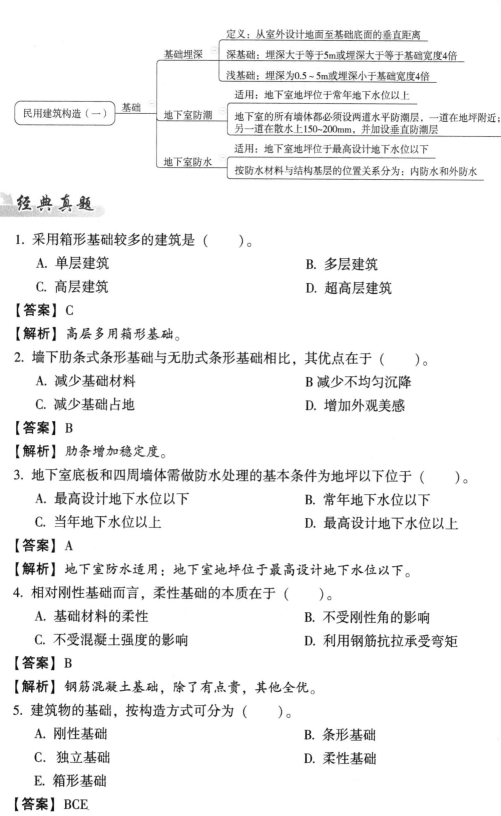

经典真题

1. 采用箱形基础较多的建筑是（　　）。
   A. 单层建筑　　　　　　　　B. 多层建筑
   C. 高层建筑　　　　　　　　D. 超高层建筑

   【答案】C

   【解析】高层多用箱形基础。

2. 墙下肋条式条形基础与无肋式条形基础相比，其优点在于（　　）。
   A. 减少基础材料　　　　　　B. 减少不均匀沉降
   C. 减少基础占地　　　　　　D. 增加外观美感

   【答案】B

   【解析】肋条增加稳定度。

3. 地下室底板和四周墙体需做防水处理的基本条件为地坪以下位于（　　）。
   A. 最高设计地下水位以下　　B. 常年地下水位以下
   C. 当年地下水位以上　　　　D. 最高设计地下水位以上

   【答案】A

   【解析】地下室防水适用：地下室地坪位于最高设计地下水位以下。

4. 相对刚性基础而言，柔性基础的本质在于（　　）。
   A. 基础材料的柔性　　　　　B. 不受刚性角的影响
   C. 不受混凝土强度的影响　　D. 利用钢筋抗拉承受弯矩

   【答案】B

   【解析】钢筋混凝土基础，除了有点贵，其他全优。

5. 建筑物的基础，按构造方式可分为（　　）。
   A. 刚性基础　　　　　　　　B. 条形基础
   C. 独立基础　　　　　　　　D. 柔性基础
   E. 箱形基础

   【答案】BCE

   【解析】建筑物的基础按构造分为独条十字筏箱桩。

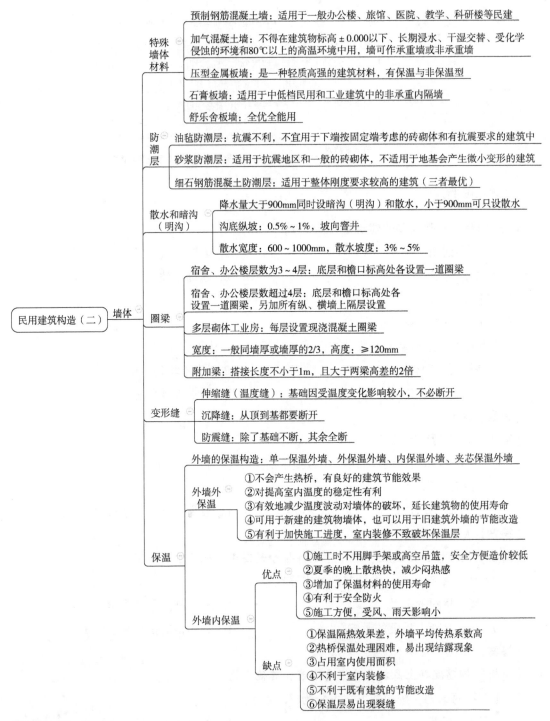

经典真题

为了防止地表水对建筑物基础的侵蚀，在降雨量大于 900mm 的地区，建筑物的四周地面上应设置（　　）。

A. 沟底纵坡坡度为 0.5%～1% 的明沟

B. 沟底横坡坡度为3%~5%的明沟

C. 宽度为600~1000mm的散水

D. 坡度为0.5%~1%的现浇混凝土散水

E. 外墙与明沟之间坡度为3%~5%的散水

【答案】ACE

【解析】散水和暗沟（明沟）的设置：降水量大于900mm同时设暗沟（明沟）和散水，小于900mm可只设散水。沟底纵坡：0.5%~1%，坡向窨井。散水宽度为600~1000mm，散水坡度为3%~5%。

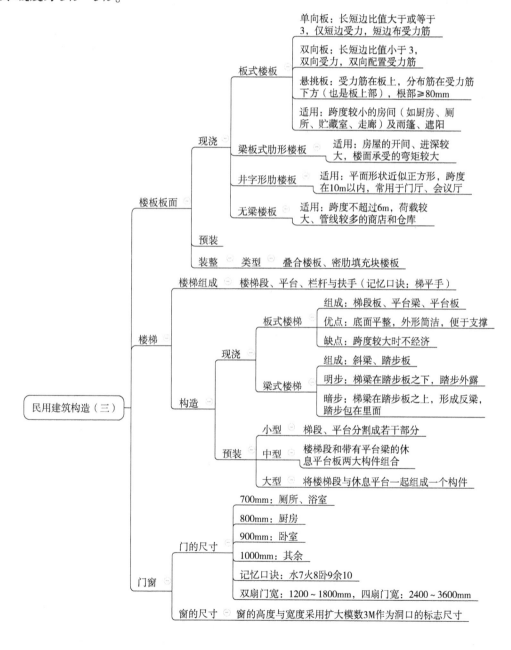

经典真题

1. 对荷载较大、管线较多的商场，比较适合采用的现浇钢筋混凝土楼板是（ ）。
   A. 板式楼板   B. 梁板式肋形楼板
   C. 井字形肋楼板   D. 无梁式楼板

   【答案】D

   【解析】无梁式楼板适用：跨度不超过6m，荷载较大、管线较多的商店和仓库。

2. 建筑物楼梯段跨度较大时，为了经济合理，通常不宜采用（ ）。
   A. 预制装配墙承式   B. 预制装配梁承式楼梯
   C. 现浇钢筋混凝土梁式楼梯   D. 现浇钢筋混凝土板式楼梯

   【答案】D

   【解析】板式楼梯缺点：跨度较大时不经济。

3. 将楼板段与休息平台组成一个构件，再组合的预制钢筋混凝土楼梯是（ ）。
   A. 大型构件装配式楼梯   B. 中型构件装配式楼梯
   C. 小型构件装配式楼梯   D. 悬挑装配式楼梯

   【答案】A

   【解析】预制装配式楼梯：小型为梯段、平台分割成若干部分；中型为楼梯段和带有平台梁的休息平台板两大构件组合；大型为将楼梯段与休息平台一起组成一个构件。

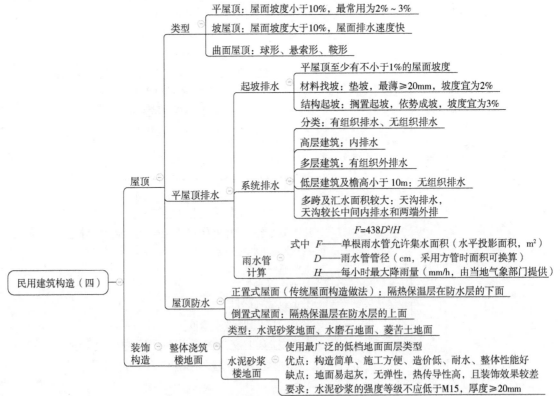

经典真题

高层建筑的屋面排水应优先选择（　　）。

　　A. 内排水　　　　B. 外排水　　　　C. 无组织排水　　　　D. 天沟排水

【答案】A

【解析】高层建筑选用内排水；多层建筑选用有组织外排水；低层建筑及檐高小于10m选用无组织排水；多跨及汇水面积较大时选用天沟排水；天沟较长时选用中间内排水和两端外排水。

考点三、工业建筑构造

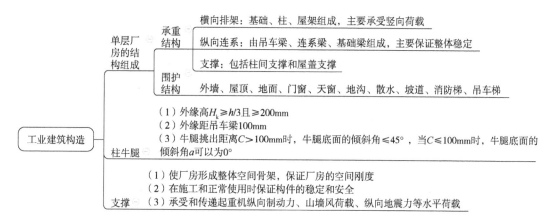

经典真题

单层工业厂房柱间支撑的作用是（　　）。

　　A. 提高厂房局部承载能力　　　　　　B. 方便检修维护吊车梁

　　C. 提升厂房内部美观　　　　　　　　D. 加强厂房纵向刚度和稳定性

【答案】D

【解析】厂房柱间支撑主要承受和传递纵向水平荷载以保证刚度稳定性。

第二节　道路、桥梁、涵洞工程的分类、组成及构造

一、框架体系

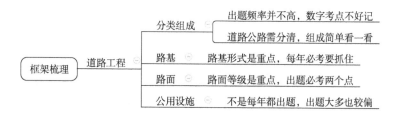

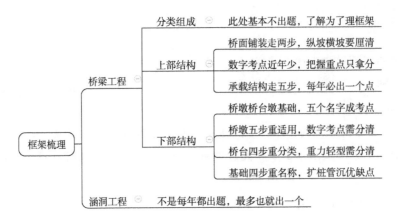

二、考情分析

考点	2016		2017		2018		2019		2020		2021	
	单	多	单	多	单	多	单	多	单	多	单	多
道路工程	2	0	2	0	2	0	0	1	2	1	1	1
桥梁工程	1	1	2	0	1	1	3	0	2	0	2	0
涵洞工程	1	0	0	1	1	0	1	0	0	0	1	0

三、考点详解

考点一、道路工程

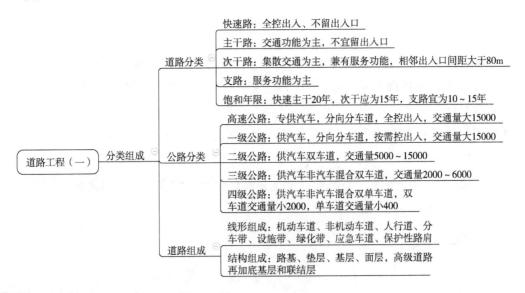

经典真题

1. 相对中级路面而言，高级路面的结构组成增加了（　　）。
  A. 磨耗层　　　　B. 底基层　　　　C. 保护层　　　　D. 联结层

E. 垫层

【答案】BD

【解析】结构组成：路基、垫层、基层、面层，高级道路再加底基层和联结层。

2. 交通量达到饱和状态的次干路设计年限应为（ ）。

  A. 5 年   B. 10 年   C. 15 年   D. 20 年

【答案】C

【解析】道路饱和年限：快速主干路为 20 年，次干路应为 15 年，支路宜为 10～15 年。

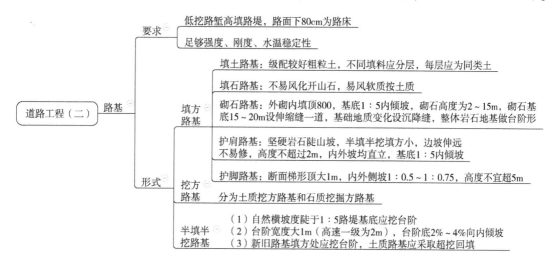

经典真题

1. 砌石路基的砌石高度最高可达（ ）。

  A. 5m   B. 10m   C. 15m   D. 20m

【答案】C

【解析】砌石路基：外砌内填顶 800，基底 1:5 内倾坡，砌石高度为 2～15m，砌石基底每 15～20m 设伸缩缝一道，基础地质变化设沉降缝，整体岩石地基做成台阶形。

2. 当山坡上的填方路基有斜坡下滑倾向时应采用（ ）。

  A. 护肩路基   B. 填石路基   C. 护脚路基   D. 填土路基

【答案】C

【解析】护脚路基在坡底，断面梯形顶宽 1m，内外侧坡 1:0.5～1:0.75，高度不宜超 5m。

3. 关于道路工程填方路基的说法，正确的是（ ）。

  A. 砌石路基，为保证其整体性不宜设置变形缝

  B. 护肩路基，其护肩的内外侧均应直立

  C. 护脚路基，其护脚内外侧坡坡度宜为 1:5

  D. 用粗粒土作为路基填料时，不同填料应混合填筑

【答案】B

【解析】砌石路基：外砌内填顶 800，基底 1∶5 内倾坡，砌石高度为 2～15m，砌石基底每 15～20m 设伸缩缝一道，基础地质变化设沉降缝，整体岩石地基做成台阶形。

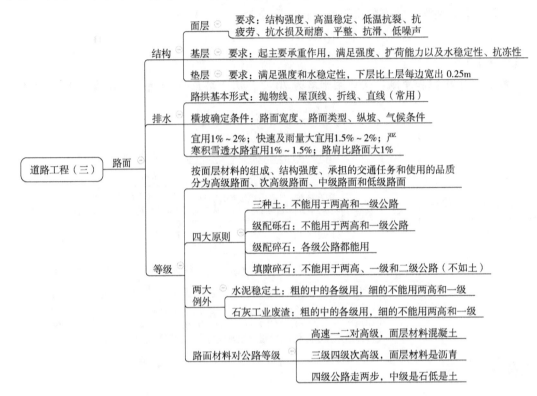

经典真题

1. 三级公路应采用的面层类型为（ ）。

   A. 沥青混凝土 B. 水泥混凝土

   C. 沥青碎石   D. 半整齐石块

【答案】C

【解析】高速一二对高级，面层材料混凝土；三级四级次高级，面层材料是沥青；四级公路走两步，中级是石低是土。

2. 填隙碎石可用于（ ）。

   A. 一级公路底基层 B. 一级公路基层

   C. 二级公路底基层 D. 三级公路基层

   E. 四级公路基层

【答案】ACDE

【解析】填隙碎石：不能用于两高、一级和二级公路（不如土），均可用于底基层。

3. 级配砾石可用于（ ）。

   A. 高级公路沥青混凝土路面的基层

B. 高速公路水泥混凝土路面的基层

C. 一级公路沥青混凝土路面的基层

D. 各级沥青碎石路面的基层

【答案】D

【解析】级配砾石：不能用于两高和一级公路。

4. 面层宽度14m的混凝土道路，其垫层宽度应为（　　）。

　　A. 14m　　　　　　B. 15m　　　　　　C. 15.5m　　　　　　D. 16m

【答案】B

【解析】面层、基层和垫层要求：满足强度和水稳定性，下层比上层每边宽出0.25m，共多出0.25m×4＝1m。

考点二、桥梁工程

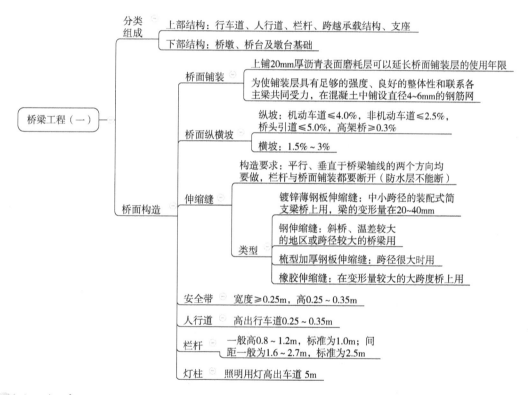

经典真题

桥面横坡一般采用（　　）。

　　A. 0.3%～0.5%　　　　　　　　　　B. 0.5%～1.0%

　　C. 1.5%～3%　　　　　　　　　　　D. 3%～4%

【答案】C

【解析】桥面横坡一般为1.5%～3%。

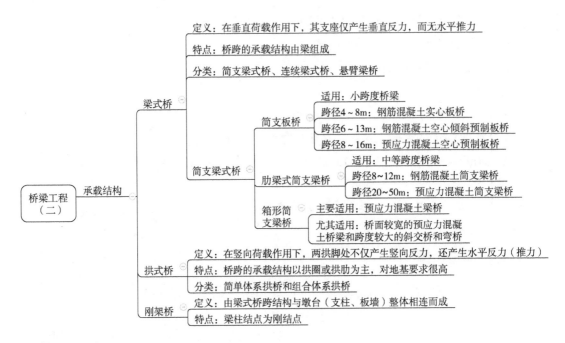

经典真题

1. 桥梁按承重结构划分有（　　）。
   A. 格构桥　　　　B. 梁式桥　　　　C. 拱式桥　　　　D. 刚架桥
   E. 悬索桥

   【答案】BCDE

   【解析】桥梁按承重结构划分为：梁拱刚架悬索组合斜。

2. 当桥梁跨径在 8~16m 时，简支板桥一般采用（　　）。
   A. 钢筋混凝土实心板桥　　　　　　　B. 钢筋混凝土空心倾斜预制板桥
   C. 预应力混凝土空心预制板桥　　　　D. 预应力混凝土实心预制板桥

   【答案】C

   【解析】简支板桥：跨径 4~8m 为钢筋混凝土实心板桥；跨径 6~13m 为钢筋混凝土空心倾斜预制板桥；跨径 8~16m 为预应力混凝土空心预制板桥。

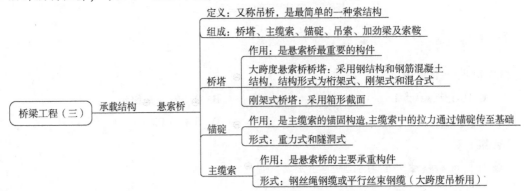

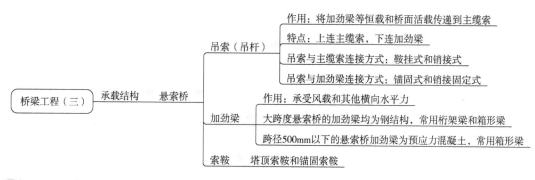

经典真题

1. 大跨度悬索桥的加劲梁主要用于承受（ ）。
   A. 桥面荷载　　B. 横向水平力　　C. 纵向水平力　　D. 主缆索荷载

【答案】B

【解析】加劲梁作用：承受风载和其他横向水平力。

2. 大跨径悬索桥一般优先考虑采用（ ）。
   A. 平行钢丝束钢缆索和预应力混凝土加劲梁
   B. 平行钢丝束钢缆主缆索和钢结构加劲梁
   C. 钢丝绳钢缆主缆索和预应力混凝土加劲梁
   D. 钢丝绳钢缆索和钢结构加劲梁

【答案】B

【解析】大跨度悬索桥的加劲梁均为钢结构，常用桁架梁和箱形梁。跨径500mm以下的悬索桥加劲梁为预应力混凝土，常用箱形梁。

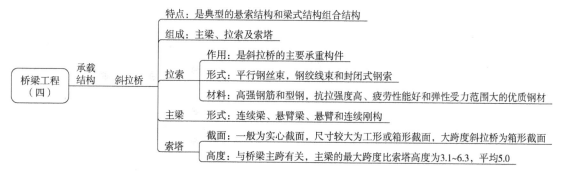

经典真题

混凝土斜拉桥属于典型的（ ）。
   A. 梁式桥　　B. 悬索桥　　C. 刚架桥　　D. 组合式桥

【答案】D

【解析】混凝土斜拉桥属于典型的组合式桥。

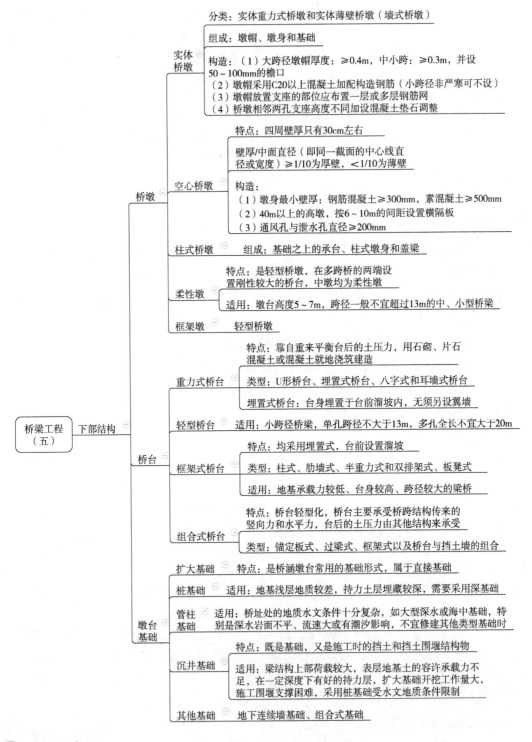

经典真题

适用柔性排架桥墩的桥梁是（　　）。

A. 墩台高度9m的桥梁　　　　　　　　B. 墩台高度12m的桥梁

C. 跨径 10m 的桥梁 D. 跨径 15m 的桥梁

【答案】C

【解析】柔性排架桥墩适用：墩台高度 5～7m，跨径一般不宜超过 13m 的中、小型桥梁。

考点三、涵洞工程

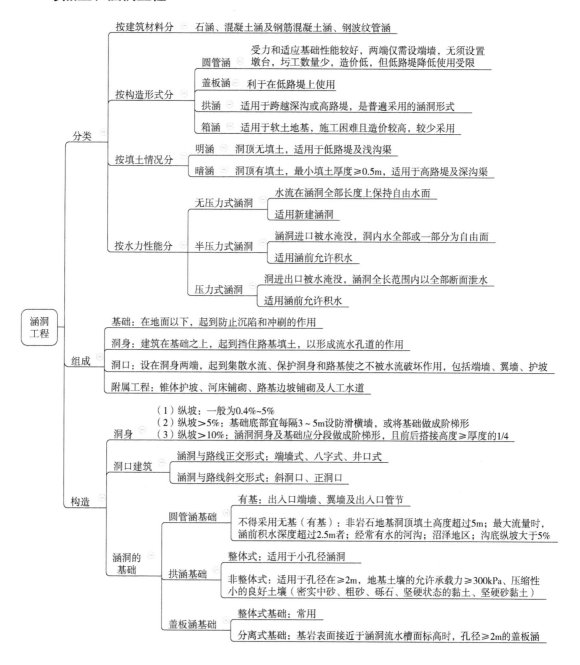

> 经典真题

关于涵洞，下列说法正确的是（　　）。
A. 涵洞的截面形式仅有圆形和矩形两类　　B. 涵洞的孔径根据地质条件确定
C. 圆管涵不采用提高节　　D. 圆管涵的过水能力比盖板涵大

【答案】C

【解析】圆管涵受力和适应基础性能较好，两端仅需设端墙，无须设置墩台，圬工数量少，造价低，但低路堤降低使用受限。涵洞的截面形式有圆形、拱形、盖板和箱形。

第三节　地下工程的分类、组成及构造

一、框架体系

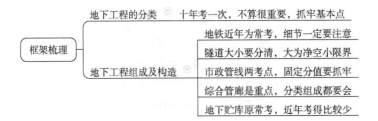

二、考情分析

考点	2016		2017		2018		2019		2020		2021	
	单	多	单	多	单	多	单	多	单	多	单	多
地下工程的分类	1	0	0	0	0	0	0	0	0	0	0	0
主要地下工程组成及构造	1	0	2	0	2	0	2	0	2	0	2	0

三、考点详解

考点一、地下工程的分类

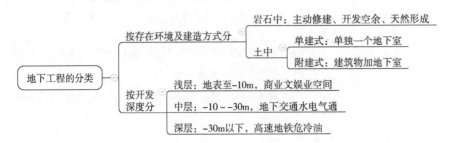

第二章 工程构造

经典真题

地下油库的埋深一般不小于（　　）。

A. 10m　　　　B. 15m　　　　C. 25m　　　　D. 30m

【答案】D

【解析】浅层：地表至-10m，商业文娱业空间。中层：-10～-30m，地下交通水电气通。深层：-30m以下，高速地铁危冷油。

考点二、主要地下工程组成及构造

```
地下工程组成及构造（一）
├─ 地下铁路
│   ├─ 定义：以电能为动力，采用轮轨运行方式，速度大于30km/h，单向客运能力超过1万人·次/h的交通系统
│   ├─ 组成：土建工程和系统工程
│   ├─ 优点：地铁在运行使用的阶段全是优点
│   ├─ 缺点：地铁在筹划建设的阶段全是缺点
│   ├─ 制约因素：经济性问题
│   ├─ 条件：财政收入300亿元以上，地区生产总值3000亿元以上，市区常住人口300万人以上
│   ├─ 车站形式
│   │   ├─ 高架车站、地面车站和地下车站
│   │   ├─ 地下车站宜浅，车站层数宜少
│   │   └─ 地下土建工程一次建成，车站及地面建筑可分期建设
│   ├─ 站台形式：岛式站台、侧式站台、岛侧混合式站台
│   ├─ 车站组成：车站主体（站台、站厅、设备用房、生活用房）、出入口及通道、通风道及地面通风亭
│   └─ 地下铁路网
│       ├─ 单线式：仅在客运最繁忙的地段重点地修一、二条线路
│       ├─ 单环式：在客流量集中下设线路闭合成环，便于车辆运行，减少折返设备
│       ├─ 多线式：便于换乘，利于延长扩建
│       ├─ 蛛网式：运送能力很大，减少换乘，避免客流集中堵塞（全优）
│       └─ 棋盘式：密度大，客流分散，换乘增多，增加车站设备复杂性
└─ 地下公路
    ├─ 地下公路隧道纵坡：0.3%～3%
    ├─ 隧道净空（大）：指隧道衬砌内廓线所包围的空间，包括建筑限界、通风及其他需要的断面积
    └─ 建筑限界（小）：包括车道、路肩、路缘带、人行道等的宽度，以及车道、人行道的净高
```

经典真题

1. 地铁车站中不宜分期建成的是（　　）。

A. 地面车站的土建工程　　　　B. 高架车站的土建工程

C. 车站地面建筑物　　　　　　D. 地下车站的土建工程

【答案】D

【解析】地下土建工程一次建成，车站及地面建筑可分期建设。

2. 城市交通建设地下铁路根本决策依据是（　　）。

　　A. 地形与地质条件　　　　　　　　B. 城市交通现状

　　C. 公共财政预算收入　　　　　　　D. 市民的广泛诉求

【答案】C

【解析】地铁制约因素：经济性问题。

3. 地下公路隧道的横断面净空，除了包括建筑限界外，还应包括（　　）。

　　A. 管道所占空间　　　　　　　　　B. 监控设备所占空间

　　C. 车道所占空间　　　　　　　　　D. 人行道所占空间

　　E. 路缘带所占空间

【答案】AB

【解析】隧道净空（大）：指隧道衬砌内廓线所包围的空间，包括建筑限界、通风及其他需要的断面积。建筑限界（小）：包括车道、路肩、路缘带、人行道等的宽度，以及车道、人行道的净高。

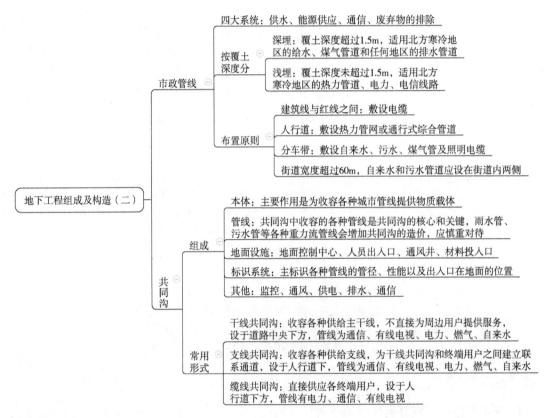

经典真题

1. 市政支线共同沟应设置于（　　）。

　　A. 道路中央下方　　　　　　　　　B. 人行道下方

C. 非机动车道下方　　　　　　　　D. 分隔带下方

【答案】B

【解析】支线共同沟：收容各种供给支线，为干线共同沟和终端用户之间建立联系通道，设于人行道下方，管线用于通信、有线电视、电力、燃气、自来水。

2. 街道宽度大于60m时，自来水和污水管道应埋设于（　　）。

　　A. 分车带　　　　　　　　　　　B. 街道内两侧

　　C. 人行道　　　　　　　　　　　D. 行车道

【答案】B

【解析】街道宽度超过60m，自来水和污水管道应设在街道内两侧。

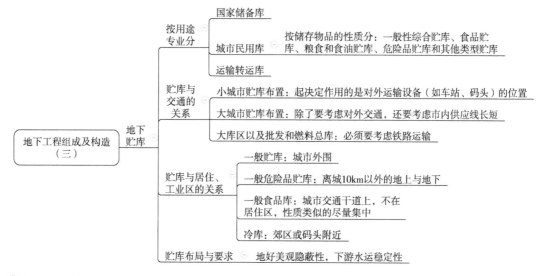

经典真题

一般地下食品贮库应布置在（　　）。

　　A. 距离城区10km以外　　　　　　B. 距离城区10km以内

　　C. 居住区内的城市交通干道　　　　D. 居住区外的城市交通干道上

【答案】D

【解析】一般食品库：城市交通干道上，不在居住区，性质类似的尽量集中。

第三章

工程材料

第一节 建筑结构材料

一、框架体系

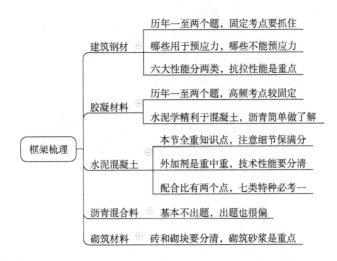

二、考情分析

考点	2016		2017		2018		2019		2020		2021	
	单	多	单	多	单	多	单	多	单	多	单	多
建筑钢材	0	1	1	0	1	0	1	1	1	1	1	1
胶凝材料	0	0	1	0	1	0	2	0	2	1	2	0
水泥混凝土	1	0	1	1	2	2	1	1	1	0	1	1
砌筑材料	0	1	0	1	1	0	1	0	1	0	1	0

三、考点详解

考点一、建筑钢材

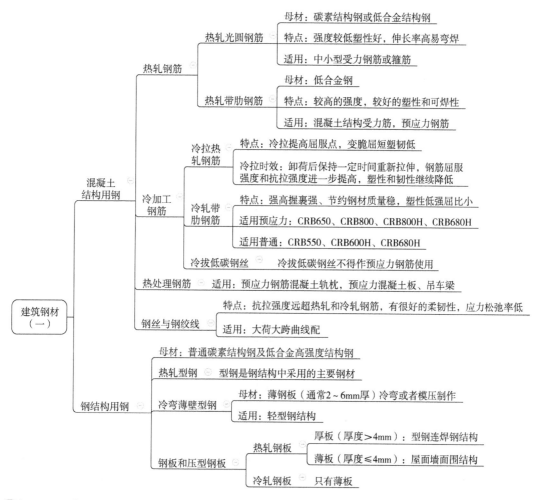

经典真题

1. 制作预应力混凝土轨枕采用的预应力混凝土钢材应为（   ）。
   A. 钢丝　　　　　　　　　　　　B. 钢绞线
   C. 热处理钢筋　　　　　　　　　D. 冷轧带肋钢筋

【答案】C

【解析】热处理钢筋适用：预应力钢筋混凝土轨枕，预应力混凝土板、吊车梁。

2. 常用于普通钢筋混凝土的冷轧带肋钢筋有（   ）。
   A. CRB650　　B. CRB800　　C. CRB550　　D. CRB600H
   E. CRB680H

【答案】CDE

【解析】冷轧带肋钢筋适用预应力混凝土用钢筋牌号：CRB650、CRB800、CRB800H、CRB680H；适用于普通钢筋混凝土钢筋牌号：CRB550、CRB600H、CRB680H。

3. 大型屋架、大跨度桥梁等大负荷预应力混凝土结构中应优先选用（　　）。

  A. 冷轧带肋钢筋　　　　　　　　B. 预应力混凝土钢绞线

  C. 冷拉热轧钢筋　　　　　　　　D. 冷拔低碳钢丝

【答案】B

【解析】钢丝与钢绞线适用范围：大荷大跨曲线配。

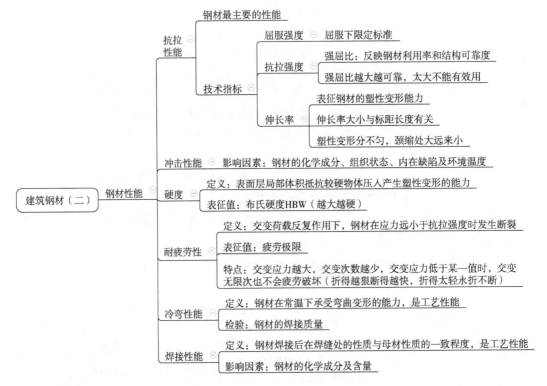

经典真题

1. 表征钢筋抗拉性能的技术指标主要是（　　）。

  A. 疲劳极限，伸长率　　　　　　B. 屈服强度，伸长率

  C. 塑性变形，屈强比　　　　　　D. 弹性变形，屈强比

【答案】B

【解析】表征钢筋抗拉性能的技术指标：屈拉伸。

2. 关于钢筋性能，说法错误的是（　　）。

  A. 设计时应以抗拉强度作为钢筋强度取值的依据

  B. 伸长率表征了钢材的塑性变形能力

  C. 屈强比太小，反映钢材不能有效地被利用

  D. 冷弯性能是钢材的重要工艺性能

【答案】A

【解析】屈服下限定标准。

考点二、胶凝材料

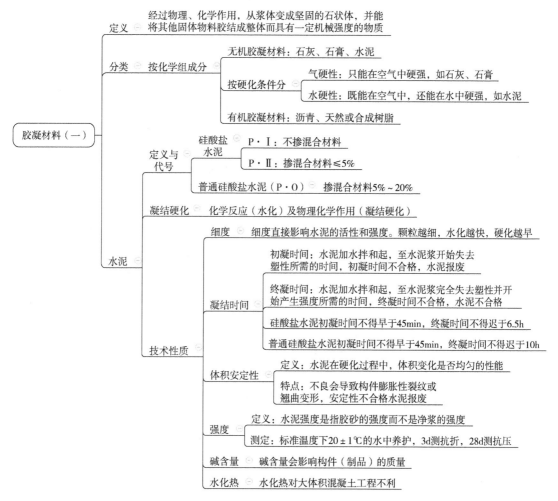

经典真题

1. 水泥强度指（　　）。

   A. 水泥净浆的强度　　　　　　　　B. 水泥胶砂的强度

   C. 水泥混凝土的强度　　　　　　　D. 水泥砂浆结石强度

【答案】B

【解析】水泥强度是指胶砂的强度而不是净浆的强度。

2. 气硬性胶凝胶材料有（　　）。

   A. 膨胀水泥　　B. 粉煤灰　　C. 石灰　　D. 石膏

   E. 水玻璃

【答案】CDE

【解析】气硬性：只能在空气中"硬强"，如石灰、石膏。水硬性：既能在空气中"硬强"，还能在水中"硬强"，如水泥。

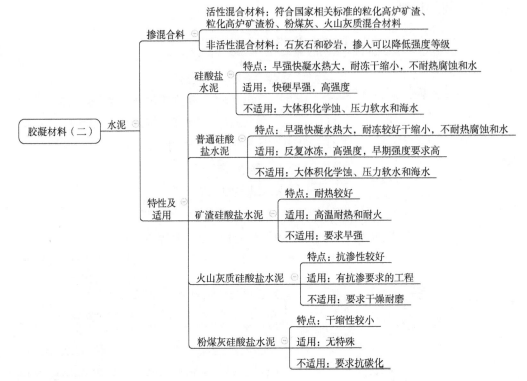

经典真题

1. 有耐火要求的混凝土应采用（　　）。

   A. 硅酸盐水泥　　　　　　　　　　B. 普通硅酸盐水泥
   C. 矿渣硅酸盐水泥　　　　　　　　D. 火山灰质硅酸盐水泥

【答案】C

【解析】矿渣硅酸盐水泥适用环境：高温耐热和耐火。

2. 水泥熟料中掺入活性混合材料，可以改善水泥性能，常用的活性材料有（　　）。

   A. 粉煤灰　　　B. 石英砂　　　C. 石灰石　　　D. 矿渣粉

【答案】A

【解析】活性混合材料：符合国家相关标准的粒化高炉矿渣、粒化高炉矿渣粉、粉煤灰、火山灰质混合材料。

3. 受反复冰冻的混凝土结构应选用（　　）。

   A. 普通硅酸盐水泥　　　　　　　　B. 矿渣硅酸盐水泥
   C. 火山灰质硅酸盐水泥　　　　　　D. 粉煤灰硅酸盐水泥

【答案】A

【解析】普通硅酸盐水泥适用环境：反复冰冻，高强度，早期强度要求高。

4. 下列水泥品种中，不适宜用于大体积混凝土工程的是（ ）。

   A. 普通硅酸盐水泥　　　　　　　　B. 矿渣硅酸盐水泥

   C. 火山灰质硅酸盐水泥　　　　　　D. 粉煤灰硅酸盐水泥

【答案】A

【解析】硅酸盐水泥、普通硅酸盐水泥不适用环境：大体积化学蚀、压力软水和海水。

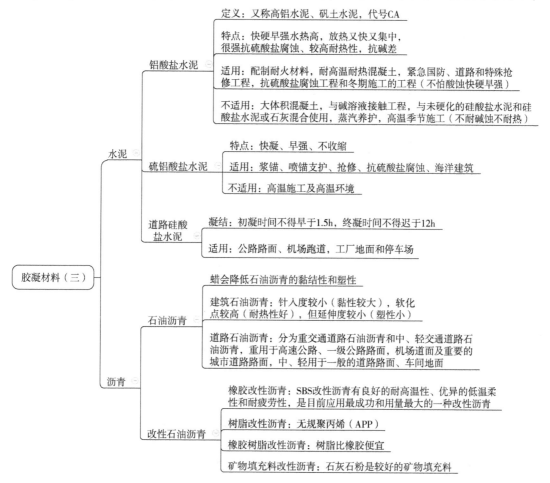

经典真题

1. 高等级公路路面铺筑应选用（ ）。

   A. 树脂改性沥青　　　　　　　　　B. SBS 改性沥青

   C. 橡胶树脂改性沥青　　　　　　　D. 矿物填充料改性沥青

【答案】B

【解析】橡胶改性沥青：SBS 改性沥青有良好的耐高温性、优异的低温柔性和耐疲劳性，是目前应用最成功和用量最大的一种改性沥青。

2. 铝酸盐水泥适宜用于（ ）。

   A. 大体积混凝土　　　　　　　　　B. 与硅酸盐水泥混合使用的混凝土

C. 用于蒸汽养护的混凝土　　　　　　D. 低温地区施工的混凝土

【答案】D

【解析】铝酸盐水泥适用：配制耐火材料、耐高温耐热混凝土，紧急国防、道路和特殊抢修工程，抗硫酸盐腐蚀工程和冬期施工的工程（不怕酸蚀快硬早强）。

3. 铝酸盐水泥主要适宜的作业范围是（　　）。

A. 与石灰混合使用　　　　　　　　　B. 高温季节施工

C. 蒸气养护作业　　　　　　　　　　D. 交通干道抢修

【答案】D

【解析】铝酸盐水泥适用：配制耐火材料、耐高温耐热混凝土，紧急国防、道路和特殊抢修工程，抗硫酸盐腐蚀工程和冬期施工的工程（不怕酸蚀快硬早强）。

考点三、水泥混凝土

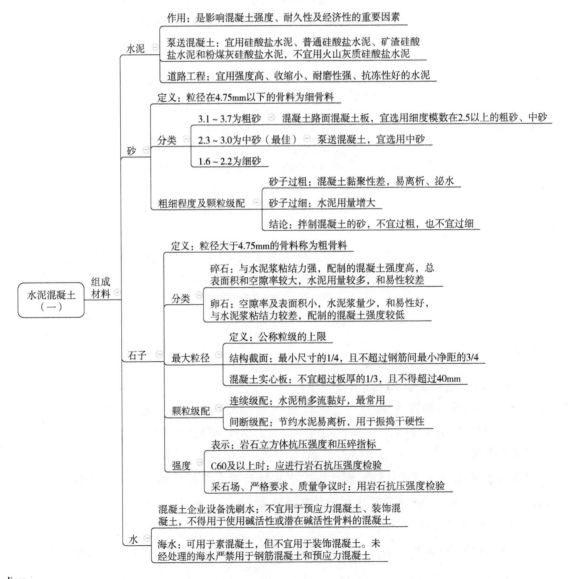

第三章 工程材料

经典真题

1. 在用量相同的情况下，若砂子过细，则拌制的混凝土（　　）。
   A. 粘聚性差　　　　　　　　　B. 易产生离析现象
   C. 易产生泌水现象　　　　　　D. 水泥用量大

【答案】D

【解析】砂子过粗的影响：混凝土粘聚性差，易离析、泌水。砂子过细的影响：水泥用量增大。结论：拌制混凝土的砂，不宜过粗，也不宜过细。

2. 用于普通混凝土的砂，最佳的细度模数为（　　）。
   A. 3.1～3.7　　　　　　　　　B. 2.3～3.0
   C. 1.6～2.2　　　　　　　　　D. 1.0～1.5

【答案】B

【解析】3.1～3.7为粗砂，2.3～3.0为中砂（最佳），1.6～2.2为细砂。

3. 拌制混凝土选用石子，要求连续级配的目的是（　　）。
   A. 减少水泥用量
   B. 适应机械振捣
   C. 使混凝土拌合物泌水性好
   D. 使混凝土拌合物和易性好

【答案】D

【解析】连续级配：水泥稍多流黏好，最常用。间断级配：节约水泥易离析，用于振捣干硬性。

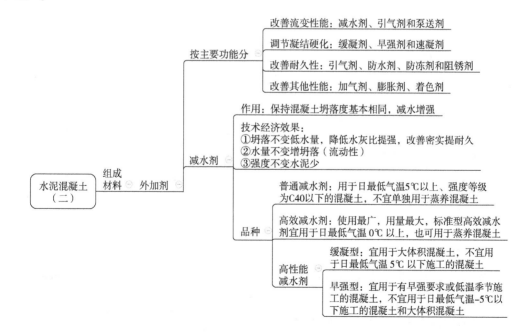

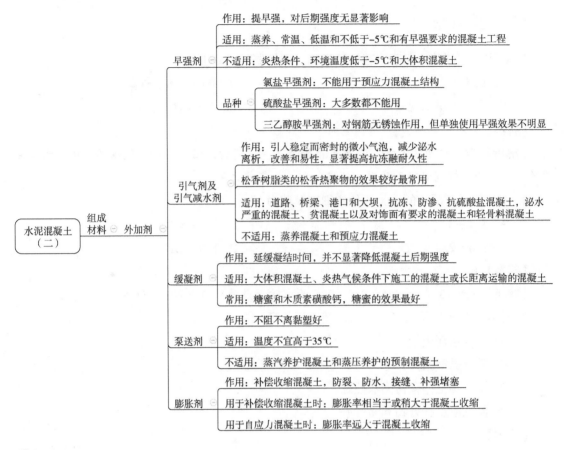

经典真题

1. 在正常的水量条件下，配制泵送混凝土宜掺入适量（   ）。

   A. 氯盐早强剂　　　　　　　　　　B. 硫酸盐早强剂

   C. 高效减水剂　　　　　　　　　　D. 硫铝酸钙膨胀剂

   【答案】C

   【解析】技术经济效果口诀：①坍落不变低水量，降低水灰比提强，改善密实提耐久；②水量不变增坍落（流动性）；③强度不变水泥少。

2. 引气剂主要能改善混凝土的（   ）。

   A. 凝结时间　　　　　　　　　　　B. 拌合物流变性能

   C. 耐久性　　　　　　　　　　　　D. 早期强度

   E. 后期强度

   【答案】BC

   【解析】引气剂作用：引入稳定而密封的微小气泡，减少泌水离析，改善和易性，显著提高抗冻融耐久性。

3. 对钢筋锈蚀作用最小的早强剂是（   ）。

| A. 硫酸盐 | B. 三乙醇胺 | C. 氯化钙 | D. 氯化钠 |

【答案】B

【解析】三乙醇胺早强剂对钢筋无锈蚀作用，但单独使用早强效果不明显。

4. 混凝土中使用减水剂的主要目的包括（　　）。

　　A. 有助于水泥石结构形成　　　　B. 节约水泥用量
　　C. 提高拌制混凝土的流动性　　　D. 提高混凝土的黏聚性
　　E. 提高混凝土的早期强度

【答案】BCE

【解析】减水剂作用（口诀）：保持混凝土坍落度基本相同，减水增强。

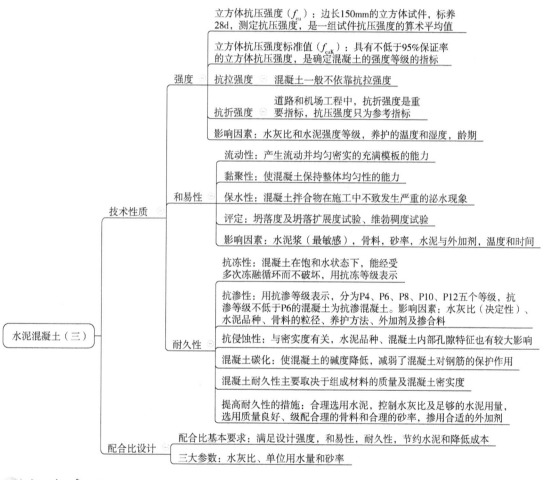

经典真题

1. 除了所用水泥和骨料的品种外，通常对混凝土强度影响最大的因素是（　　）。

　　A. 外加剂　　　　B. 水灰比　　　　C. 养护温度　　　　D. 养护湿度

【答案】C

【解析】混凝土强度影响因素：水灰比和水泥强度等级，养护的温度和湿度，龄期。

2. 选定了水泥、砂子和石子的品种后，混凝土配合比设计实质上是要确定（　　）。

A. 石子颗粒级　　B. 水灰比　　C. 灰砂比　　D. 单位用水量

E. 砂率

【答案】BDE

【解析】配合比基本要求：满足设计强度，和易性，耐久性，节约水泥和降低成本。

3. 提高混凝土耐久性的措施有（　　）。

A. 提高水泥用量　　　　　　　B. 合理选用水泥品种

C. 控制水灰比　　　　　　　　D. 提高砂率

E. 掺用合适的外加剂

【答案】BCE

【解析】提高耐久性的措施：合理选用水泥品种，控制水灰比及足够的水泥用量，选用质量良好、级配合理的骨料和合理的砂率，掺用合适的外加剂。

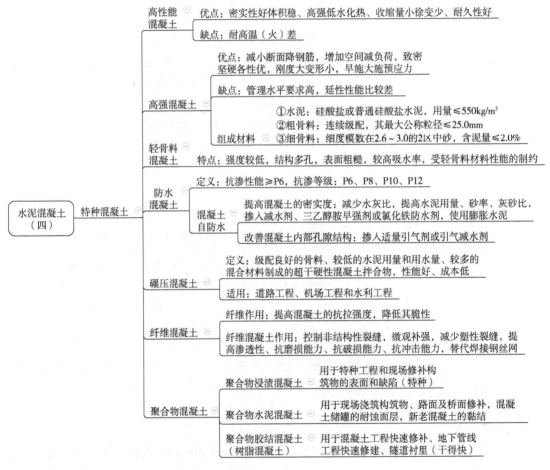

经典真题

1. 混凝土中掺入纤维材料的主要作用有（　　）。

A. 微观补强　　　　　　　　　　B. 增强抗裂缝能力

C. 增强抗冻能力　　　　　　　　D. 增强抗磨损能力

E. 增强抗碳化能力

【答案】AD

【解析】纤维混凝土作用：控制非结构性裂缝，微观补强，减少塑性裂缝，提高渗透性、抗磨损能力、抗破损能力、抗冲击能力，替代焊接钢丝网。

2. 与普通混凝土相比，高强混凝土的优点在于（　　）。

A. 延性较好　　　　　　　　　　B. 初期收缩小

C. 水泥用量少　　　　　　　　　D. 更适宜用于预应力钢筋混凝土构造

【答案】D

【解析】高强混凝土优点（口诀）：减小断面降钢筋，增加空间减负荷，致密坚硬各性优，刚度大变形小，早施大施预应力。

考点四、沥青混合料

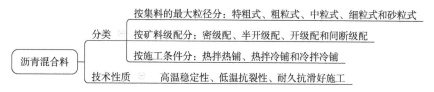

经典真题

不属于沥青混合料技术性质的是（　　）。

A. 高温稳定性　　　　　　　　　B. 耐腐蚀性

C. 低温抗裂性　　　　　　　　　D. 耐久性

【答案】B

【解析】沥青混合料技术性质：高温稳定性、低温抗裂性、耐久抗滑好施工。

考点五、砌筑材料

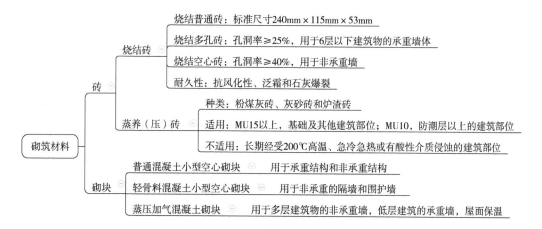

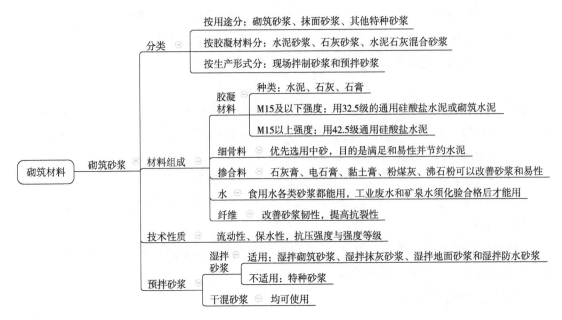

经典真题

1. 烧结多孔砖的孔洞率不应小于（　　）。

   A. 20%　　　　　B. 25%　　　　　C. 30%　　　　　D. 40%

   【答案】B

   【解析】烧结多孔砖：孔洞率≥25%，用于6层以下建筑物的承重墙体。

2. MU10蒸压灰砂砖可用于的建筑部位是（　　）。

   A. 基础底面以上　　　　　　　　B. 有酸性介质侵蚀

   C. 冷热交替　　　　　　　　　　D. 防潮层以上

   【答案】D

   【解析】蒸养（压）砖MU15以上：基础及其他建筑部位，MU10：防潮层以上的建筑部位。

3. 烧结普通砖的耐久性指标包括（　　）。

   A. 抗风化性　　　　　　　　　　B. 抗侵蚀性

   C. 抗碳化性　　　　　　　　　　D. 泛霜

   E. 石灰爆裂

   【答案】ADE

   【解析】烧结砖耐久性：抗风化性、泛霜和石灰爆裂。

第二节 建筑装饰材料

一、框架体系

框架梳理
- 建筑饰面材料　石材两类优缺点，面砖四类看用途
- 建筑装饰玻璃　安全节能走四步，优点缺点重用途
- 建筑装饰涂料　基本组成三大类，基本要求三分类
- 建筑装饰塑料　塑料管材是重点，别的简单看一看
- 建筑装饰钢材　历年基本不出题，出题也出比较偏
- 建筑装饰木材　历年基本不出题，出题也出比较偏

二、考情分析

考点	2016 单	2016 多	2017 单	2017 多	2018 单	2018 多	2019 单	2019 多	2020 单	2020 多	2021 单	2021 多
建筑饰面材料	0	1	2	0	0	1	1	0	2	0	2	1
建筑装饰玻璃	0	0	1	0	1	0	0	0	0	0	0	0
建筑装饰涂料	0	0	0	0	0	0	0	0	0	0	0	1
建筑装饰塑料	0	0	0	1	0	0	0	0	0	1	0	0
建筑装饰钢材	0	0	0	0	0	0	1	0	0	0	0	0
建筑装饰木材	0	0	0	0	1	0	0	0	0	0	0	0

三、考点详解

考点一、建筑饰面材料

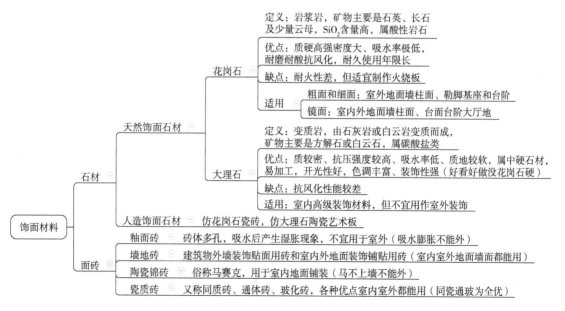

经典真题

与天然大理石板材相比，装饰用天然花岗石板材的缺点是（   ）。

A. 吸水率高 B. 耐酸性差

C. 耐久性差 D. 耐火性差

【答案】D

【解析】花岗石缺点：耐火性差，但适宜制作火烧板。

考点二、建筑装饰玻璃

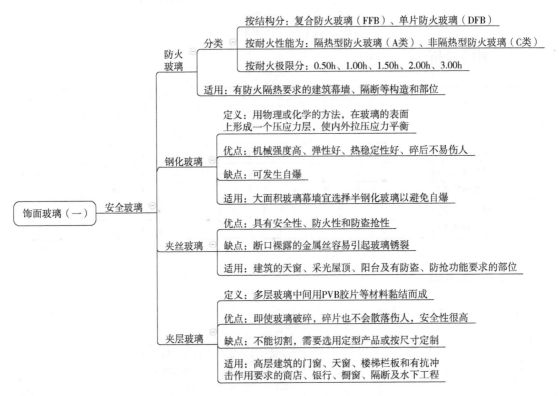

经典真题

钢化玻璃是用物理或化学方法，在玻璃表面上形成一个（   ）。

A. 压应力层 B. 拉应力层

C. 防脆裂层 D. 刚性氧化层

【答案】A

【解析】钢化玻璃定义：用物理或化学的方法，在玻璃的表面上形成一个压应力层，使内外拉压应力平衡。

第三章 工程材料

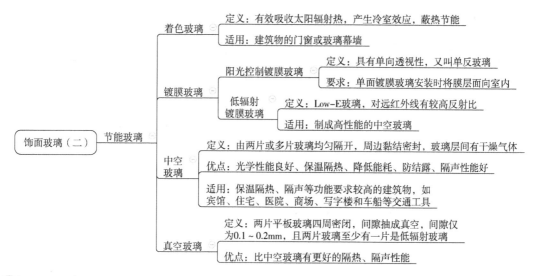

经典真题

对隔热、隔声性能要求较高的建筑物宜选用（　　）。

A. 真空玻璃　　　　　　　　　　B. 中空玻璃
C. 镀膜玻璃　　　　　　　　　　D. 钢化玻璃

【答案】B

【解析】中空玻璃适用：保温隔热、隔声等功能要求较高的建筑物，如宾馆、住宅、医院、商场、写字楼和车船等交通工具。

考点三、建筑装饰涂料

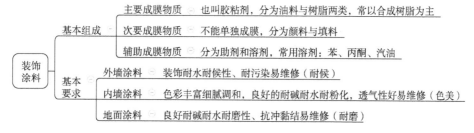

经典真题

关于对建筑涂料基本要求的说法，正确的是（　　）。

A. 外墙、地面、内墙涂料均要求耐水性好　　B. 外墙涂料要求色彩细腻、耐碱性好
C. 内墙涂料要求抗冲击性好　　　　　　　　D. 地面涂料要求耐候性好

【答案】A

【解析】外墙涂料：装饰耐水耐候性、耐污染易维修（耐候）。内墙涂料：色彩丰富细腻调和，良好的耐碱耐水耐粉化，透气性好易维修（色美）。地面涂料：良好耐碱耐水耐磨性、抗冲黏结易维修（耐磨）。

考点四、建筑装饰塑料

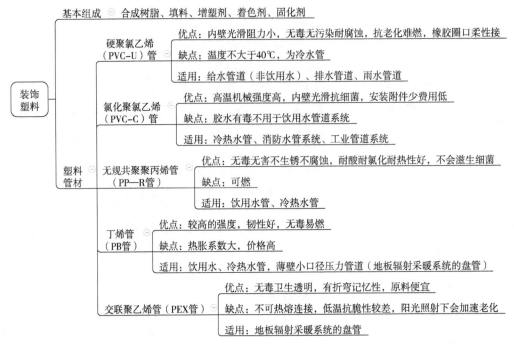

经典真题

1. 塑料的主要组成材料之一是（　　）。

    A. 玻璃纤维　　　B. 乙二胺　　　C. DBP 和 DOP　　　D. 合成树脂

【答案】D

【解析】塑料的基本组成：合成树脂、填料、增塑剂、着色剂、固化剂。

2. 关于塑料管材的说法，正确的有（　　）。

    A. 无规共聚聚丙烯管（PP-R 管）属于可燃性材料

    B. 氯化聚氯乙烯管（PVC-C 管）热膨胀系数较高

    C. 硬聚氯乙烯管（PVC-U 管）使用温度不大于 50℃

    D. 丁烯管（PB 管）热膨胀系数低

    E. 交联聚乙烯管（PEX 管）不可热熔连接

【答案】AE

【解析】硬聚氯乙烯（PVC-U）管优点：内壁光滑阻力小，无毒无污染耐腐蚀，抗老化难燃，橡胶圈口柔性接；缺点：温度不大于 40℃，为冷水管。氯化聚氯乙烯（PVC-C）管优点：高温机械强度高，内壁光滑抗细菌，安装附件少费用低；缺点：胶水有毒不用于饮用水管道系统。无规共聚聚丙烯管（PP-R 管）优点：无毒无害不生锈不腐蚀，耐酸耐氯化耐热性好，不会滋生细菌；缺点：可燃。丁烯管（PB 管）优点：较高的强度，韧性好，无毒易燃；缺点：热胀系数大，价格高。交联聚乙烯管（PEX 管）优点：无毒卫生透明，有折弯记忆性，原料便宜；缺点：不可热熔连接，低温抗脆性较差，阳光照射下会加速老化。

第三节 建筑功能材料

一、框架体系

框架梳理
- 防水材料　卷材涂膜走两步，卷材防水是重点
- 保温隔热材料　绝热材料年年考，年年考得都很偏
- 吸声隔声材料　吸声隔声不常考，出题考点就一个
- 防火材料　历年基本不出题，出题也是常规点

二、考情分析

考点	2016 单	2016 多	2017 单	2017 多	2018 单	2018 多	2019 单	2019 多	2020 单	2020 多	2021 单	2021 多
防水材料	1	0	1	0	0	0	0	1	0	1	1	0
保温隔热材料	1	0	1	1	0	1	1	1	1	0	0	0
吸声隔声材料	0	0	0	0	1	0	0	0	0	0	0	0
防火材料	0	0	1	0	0	0	0	0	0	0	0	0

三、考点详解

考点一、防水材料

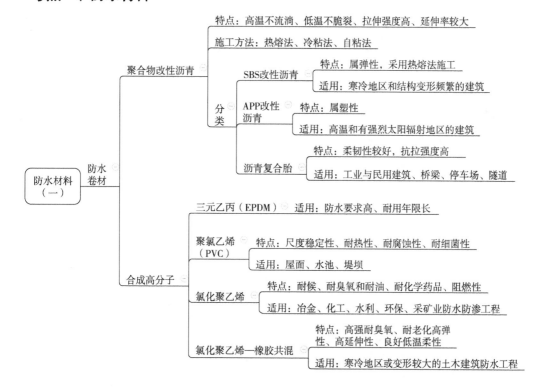

经典真题

在众多防水卷材中，相比之下尤其适用寒冷地区建筑物防水的有（　　）。

A. SBS 防水卷材　　　　　　　　B. APP 防水卷材

C. PVC 防水卷材　　　　　　　　D. 氯化乙烯防水卷材

E. 氯化聚乙烯—橡胶共混

【答案】AE

【解析】SBS 改性沥青适用：寒冷地区和结构变形频繁的建筑。氯化聚乙烯—橡胶共混适用：寒冷地区或变形较大的土木建筑防水工程。

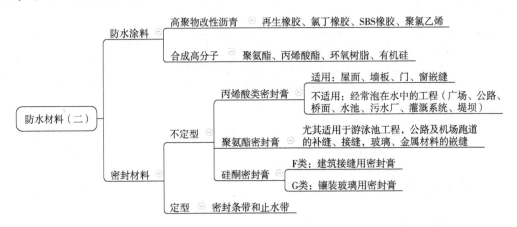

经典真题

丙烯酸类密封膏具有良好的黏结性能，但不宜用于（　　）。

A. 门窗嵌缝　　　　　　　　　　B. 桥面接缝

C. 墙板接缝　　　　　　　　　　D. 屋面嵌缝

【答案】B

【解析】丙烯酸类密封膏：适用于屋面、墙板、门、窗嵌缝；不适用于经常泡在水中的工程（广场、公路、桥面、水池、污水厂、灌溉系统、堤坝）。

考点二、保温隔热材料

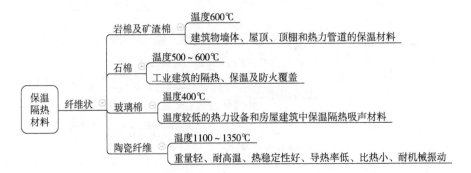

第三章　工程材料

经典真题

保温隔热材料中使用温度最高的是（　　）。

　　A. 玻璃棉　　　　　B. 泡沫塑料　　　　C. 陶瓷纤维　　　　D. 泡沫玻璃

【答案】C

【解析】陶瓷纤维温度为 1100～1350℃。

考点三、吸声隔声材料

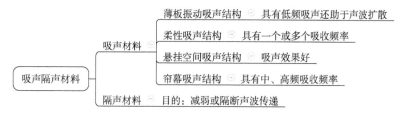

经典真题

对中、高频均有吸声效果且安拆便捷，兼具装饰效果的吸声结构是（　　）。

　　A. 帘幕吸声结构　　　　　　　　　　B. 柔性吸声结构

　　C. 薄板振动吸声结构　　　　　　　　D. 悬挂空间吸结构

【答案】A

【解析】帘幕吸声结构具有中、高频吸收频率。

考点四、防火材料

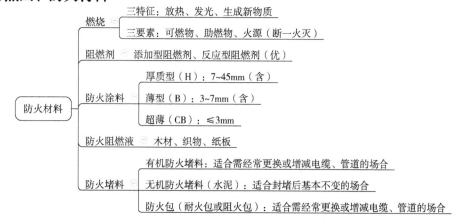

> 经典真题

薄型和超薄型防火涂料的耐火极限一般与涂层厚度无关，与之有关的是（　　）。

  A. 物体可燃性　　　　　　　　　　　B. 物体耐火极限

  C. 膨胀后的发泡层厚度　　　　　　　D. 基材的厚度

【答案】C

【解析】薄型和超薄型防火涂料靠膨胀后的发泡层厚度来防火。

第四章

工程施工技术

第一节 建筑钢材施工技术

一、框架体系

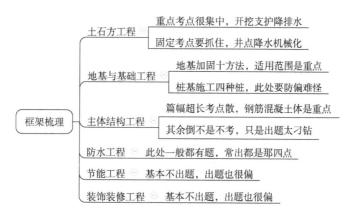

二、考情分析

考点	2016		2017		2018		2019		2020		2021	
	单	多	单	多	单	多	单	多	单	多	单	多
土石方工程施工技术	4	0	2	1	4	0	3	0	2	0	2	0
地基与基础工程施工技术	3	0	2	0	0	1	2	1	1	0	1	0
主体结构工程施工技术	1	1	3	0	3	0	4	0	1	1	3	1
防水工程施工技术	0	1	1	1	1	0	0	0	0	1	1	1
节能工程施工技术	0	0	0	0	0	0	0	0	0	1	1	0
装饰装修工程施工技术	0	0	0	0	0	0	0	0	0	0	1	0

三、考点详解

考点一、土石方工程施工技术

土石方工程（一）——土石方工程分类——场地平整、基坑（槽）开挖、基坑（槽）回填、地下工程大型土石方开挖、路基修筑

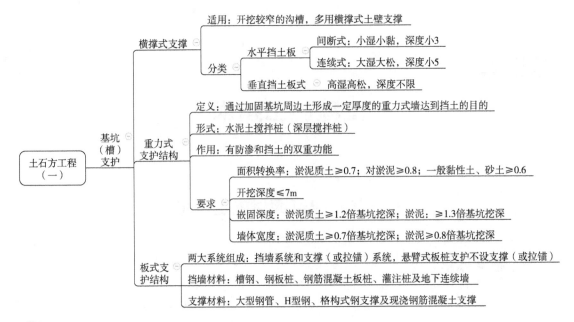

经典真题

1. 在松散且湿度很大的土中挖6m深的沟槽,支护方式应优先选用( )。

   A. 水平挡土板式支撑　　　　　　　B. 垂直挡土板式支撑
   C. 重力式支护结构　　　　　　　　D. 板式支护结构

   【答案】B

   【解析】水平挡土板间断式支撑适用(口诀):小湿小黏,深度小3;连续式:大湿大松,深度小5。垂直挡土板式支撑适用(口诀):高湿高松,深度不限。

2. 在松散潮湿的砂土中挖4m深的基槽,其支护方式不宜采用( )。

   A. 悬臂式板式支护　　　　　　　　B. 垂直挡土板式支撑
   C. 间断式水平挡土板支撑　　　　　D. 连续式水平挡土板支撑

   【答案】C

   【解析】水平挡土板间断式支撑适用(口诀):小湿小黏,深度小3。

3. 浅基坑的开挖深度一般( )。

   A. 小于3m　　　　　　　　　　　　B. 小于4m
   C. 不大于5m　　　　　　　　　　　D. 不大于6m

   【答案】C

   【解析】口诀:深浅分界是5m。

第四章 工程施工技术

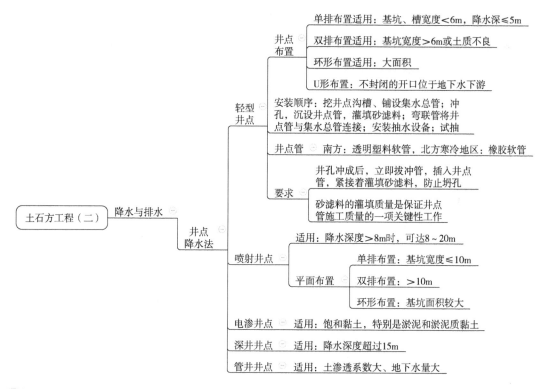

经典真题

1. 基坑开挖中电渗井点可用于（　　）。

    A. 黏土层　　　　　　　　　B. 砾石层

    C. 砂石层　　　　　　　　　D. 沙砾层

【答案】A

【解析】电渗井点适用于饱和黏土，特别是淤泥和淤泥质黏土。

2. 在淤泥质土中开挖10m深的基坑时，降水方法应优先选用（　　）。

    A. 单级轻型井点　　　　　　B. 管井井点

    C. 电渗井点　　　　　　　　D. 深井井点

【答案】C

【解析】轻型井点单排布置适用：基坑、槽宽度<6m，降水深≤5m。管井井点适用：土渗透系数大、地下水量大。深井井点适用：降水深度超过15m。电渗井点：饱和黏土，特别是淤泥质黏土。

3. 关于基坑土石方工程采用轻型井点降水，说法正确的是（　　）。

    A. U形布置不封闭段是为施工机械进出基坑留的开口

    B. 双排井点管适用于宽度小于6m的基坑

    C. 单排井点管应布置在基坑的地下水下游一侧

    D. 施工机械不能经U形布置的开口端进出基坑

【答案】A

【解析】轻型井点：单排布置适用基坑、槽宽度 <6m，降水深≤5m；双排布置适用基坑宽度 >6m 或土质不良；环形布置适用大面积；U 形布置适用不封闭的开口位于地下水下游。

4. 通常情况下，基坑土方开挖的明排水法主要适用于（　　）。

 A. 细砂土层　　　　　　　　B. 粉砂土层
 C. 粗粒土层　　　　　　　　D. 淤泥土层

【答案】C

【解析】明排水法适用：粗粒土层、渗水量小的黏土层。

5. 在渗透系数大、地下水量大的土层中，适宜采用的降水形式为（　　）。

 A. 轻型井点　　　　　　　　B. 电渗井点
 C. 喷射井点　　　　　　　　D. 管井井点

【答案】D

【解析】管井井点适用：土渗透系数大、地下水量大。

6. 某大型基坑，施工场地标高为 ±0.000m，基坑底面标高为 -6.600m，地下水位标高为 -2.500m，土的渗透系数为 60m/d，则应选用的降水方式是（　　）。

 A. 一级轻型井点　　　　　　B. 喷射井点
 C. 管井井点　　　　　　　　D. 深井井点

【答案】C

【解析】降水高度 4.1m，渗透系数 60m/d 适用管井井点降水。

7. 轻型井点降水安装过程中，冲成井孔，拔出冲管，插入井点管后，灌填砂滤料，主要目的是（　　）。

 A. 保证滤水　　　　　　　　B. 防止坍孔
 C. 保护井点管　　　　　　　D. 固定井点管

【答案】B

【解析】井孔冲成后，立即拔冲管，插入井点管，紧接着灌填砂滤料，防止坍孔。

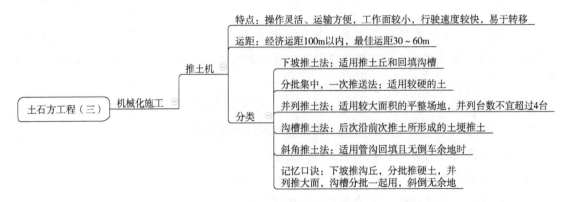

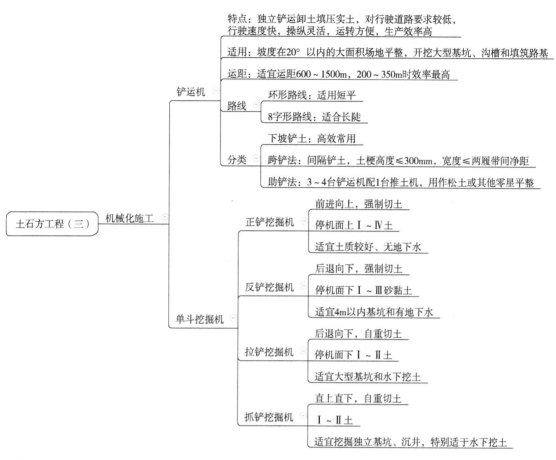

经典真题

1. 水下开挖独立基坑，工程机械宜优先选用（　　）。
   A. 正铲挖掘机　　　　　　　　B. 反铲挖掘机
   C. 拉铲挖掘机　　　　　　　　D. 抓铲挖掘机

   【答案】D

   【解析】抓铲挖掘机适宜挖掘独立基坑、沉井，特别适于水下挖土。

2. 在挖深3m、1~3类土、砂性土壤基坑，且地下水位较高时，宜优先选用（　　）。
   A. 正铲挖掘机　　　　　　　　B. 反铲挖掘机
   C. 拉铲挖掘机　　　　　　　　D. 抓铲挖掘机

   【答案】B

   【解析】反铲挖掘机适宜4m以内基坑和有地下水的情况。

3. 土石方工程机械化施工说法正确的有（　　）。
   A. 土方运距在30~60m，最好采用推土机施工
   B. 面积较大的场地平整，推土机台数不宜小于四台
   C. 土方运距在200~350m时适宜采用铲运机施工

D. 开挖大型基坑时适宜采用拉铲挖掘机

E. 抓铲挖掘机和拉铲挖掘机均不宜用于水下挖土

【答案】ACD

【解析】并列推土法：适用较大面积的平整场地，并列台数不宜超过 4 台。抓铲挖掘机适宜挖掘独立基坑、沉井，特别适于水下挖土。拉铲挖掘机适宜大型基坑和水下挖土。

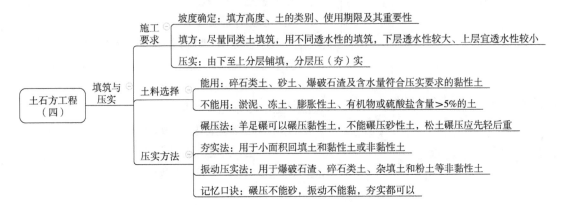

经典真题

土石方在填筑施工时应（　　）。

A. 先将不同类别的土搅拌均匀　　　　B. 采用同类土填筑

C. 分层填筑时需搅拌　　　　　　　　D. 将含水量大的黏土填筑在底层

【答案】B

【解析】填方要求：尽量同类土填筑，用不同透水性的填筑，下层透水性较大、上层宜透水性较小。压实要求：由下至上分层铺填，分层压（夯）实。

考点二、地基与基础工程施工技术

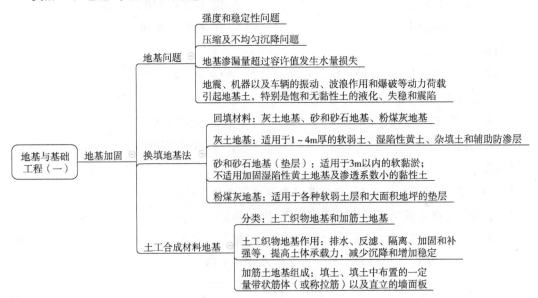

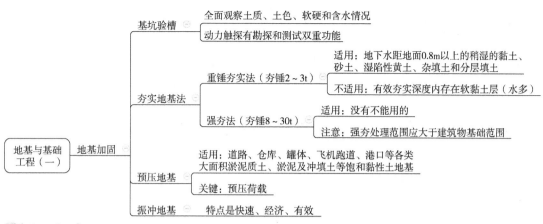

经典真题

1. 地基处理常采用强夯法，其特点在于（　　）。
   A. 处理速度快、工期短，适用于城市施工　　B. 不适用于软黏土层处理
   C. 处理范围应小于建筑物基础范围　　D. 采取相应措施还可用于水下夯实

【答案】D

【解析】强夯法适用范围：没有不能用的。

2. 以下土层中不宜采用重锤夯实地基的是（　　）。
   A. 砂土　　　　　　B. 湿陷性黄土　　　　　C. 杂填土　　　　　D. 软黏土

【答案】D

【解析】重锤夯实法不适用：有效夯实深度内存在软黏土层（水多）。

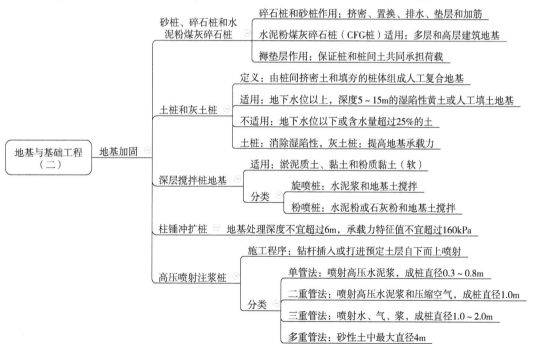

经典真题

1. 在砂性土中施工直径2.5m的高压喷射注浆桩，应采用（ ）。

    A. 单管法　　　　　　B. 二重管法　　　　　C. 三重管法　　　　　D. 多重管法

【答案】D

【解析】单管法：喷射高压水泥浆，成桩直径为0.3～0.8m。二重管法：喷射高压水泥浆和压缩空气，成桩直径1.0m。三重管法：喷射水、气、浆，成桩直径为1.0～2.0m。多重管法：砂性土中最大直径4m。

2. 以下土层中可以用灰土桩挤密地基施工的是（ ）。

    A. 地下水位以下，深度在15m以内的湿陷性黄土地基

    B. 地下水位以上，含水量不超过30%的地基土层

    C. 地下水位以下的人工填土地基

    D. 含水量在25%以下的人工填土地基

【答案】D

【解析】土桩和灰土桩适用：地下水位以上，深度5～15m的湿陷性黄土或人工填土地基；不适用：地下水位以下或含水量超过25%的土。

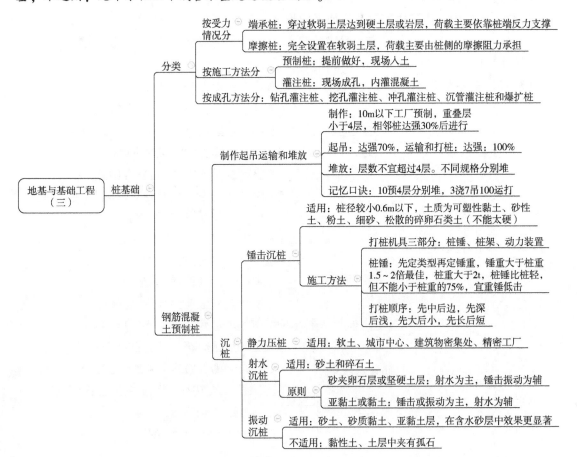

64

第四章 工程施工技术

```
地基与基础工程（三） — 桩基础 — 钢筋混凝土预制桩 — 接桩与拔桩 — 焊接、法兰接适用于各种土层
                                                   硫黄胶泥锚接只适用于软弱土层
```

经典真题

钢筋混凝土预制桩在砂夹卵石层和坚硬土层中沉桩，主要沉桩方式是（   ）。

A. 静压力桩　　　B. 锤石沉桩　　　C. 振动成桩　　　D. 射水沉桩

【答案】D

【解析】射水沉桩适用：砂土和碎石土。

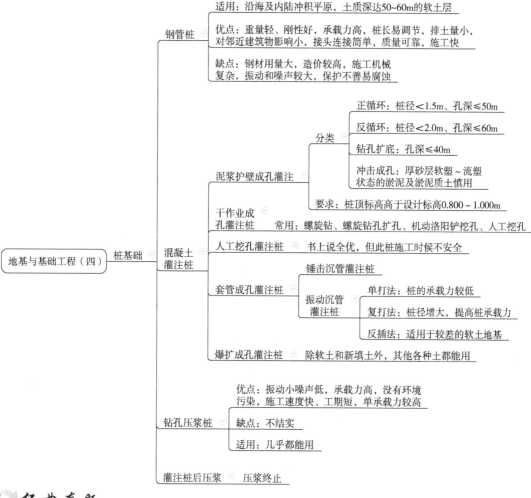

经典真题

现浇混凝土灌注桩，按成孔方法分为（   ）。

A. 柱锤冲扩桩　　　　　　　　　　B. 泥浆护壁成孔灌注桩

C. 干作业成孔灌注桩　　　　　　　D. 人工挖孔灌注桩

E. 爆扩成孔灌注桩

【答案】BCDE

【解析】混凝土灌注桩：泥浆护壁成孔灌注、干作业成孔灌注桩、人工挖孔灌注桩、套管成孔灌注桩、爆扩成孔灌注桩。

考点三、主体结构工程施工技术

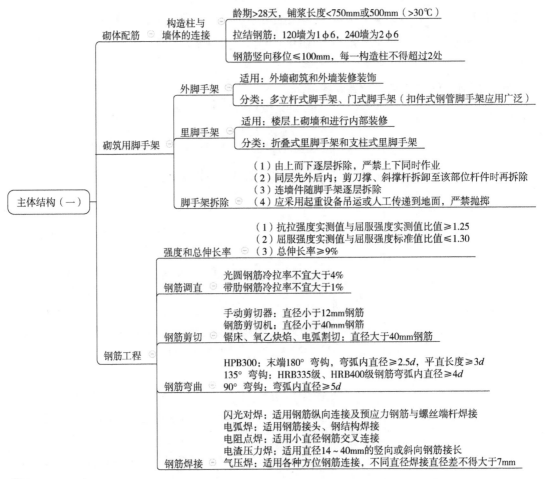

经典真题

1. 墙体为构造柱砌成的马牙槎，其凹凸尺寸和高度可分别为（　　）。

　　A. 60mm 和 345mm　　　　　　B. 60mm 和 260mm

　　C. 70mm 和 385mm　　　　　　D. 90mm 和 385mm

【答案】B

【解析】马牙槎凹凸尺寸：≥60mm，高度：≤300mm，马牙槎先退后进，对称砌筑。

2. 直径大于 40mm 钢筋的切断方法应采用（　　）。

　　A. 锯床锯断　　　　　　　　　B. 手动剪切器切断

　　C. 氧乙炔焰割切　　　　　　　D. 钢筋剪切机切断

　　E. 电弧割切

【答案】 ACE

【解析】 手动剪切器：直径小于12mm钢筋；钢筋剪切机：直径小于40mm钢筋；锯床、氧乙炔焰、电弧割切：直径大于40mm钢筋。

主体结构（二）— 混凝土工程：

- 混凝土搅拌
  - 自落式适用于搅拌塑性混凝土
  - 强制式适用于搅拌干硬性混凝土和轻骨料混凝土
- 混凝土的浇筑
  - 粗骨料最大粒径≤25mm，内径≥125mm的输送泵管
  - 粗骨料最大粒径≤40mm，内径≥150mm的输送泵管
  - 浇筑竖向混凝土前，先在底部填≤30mm厚与混凝土内砂浆成分相同的水泥砂浆来防止混凝土离析
  - 自由倾落高度：粗骨料径>25mm，≤3m；≤25mm，≤6m
- 大体积混凝土
  - 温度：入模温度≤30℃；最大温升≤50℃，降温速率≤2.0℃/d
  - 水泥：水化热低，满足设计强度前提下尽可能少用，掺入适量粉煤灰
  - 浇筑方案：全面分层、分段分层和斜面分层（常用）
- 混凝土振捣
  - 内部振动器：适用于基础、柱、梁、墙等深度或厚度较大结构构件
  - 表面振动器：适用于振捣楼板、地面和薄壳薄壁构件
  - 外部振动器（附着式振动器）：适用于振捣断面较小或钢筋较密的柱、梁、墙构件
  - 振动台：适用于预制厂
- 冬期施工
  - （1）采用硅酸盐水泥或普通硅酸盐水泥；采用蒸汽养护时，采用矿渣硅酸盐水泥
  - （2）降低水灰比，减少用水量，使用低流动性或干硬性混凝土
  - （3）浇筑前给材料加温
  - （4）对已浇筑混凝土保温加温
  - （5）加入一定外加剂（引气剂、引气型减水剂）
- 高温施工
  - （1）低水泥用量，用粉煤灰取代部分水泥，选用水化热较低的水泥
  - （2）混凝土坍落度不宜小于70mm
  - （3）采用白色涂装搅拌运输车运输
  - （4）入模温度不应高于35℃
  - （5）浇筑宜在早间或晚间进行，且连续浇筑
  - （6）浇筑前宜采取遮阳措施
  - （7）浇筑后应及时保湿养护
- 装配式混凝土
  - 预制构件不宜低于C30
  - 预应力混凝土预制构件不宜低于C40，不应低于C30
  - 现浇混凝土不应低于C25
  - 吊环用未经冷加工的HPB300钢筋

经典真题

1. 混凝土冬期施工时，应注意（   ）。

   A. 不宜采用普通硅酸盐水泥　　　　　　B. 适当增加水灰比

   C. 适当添加缓凝剂　　　　　　　　　　D. 适当添加引气剂

【答案】 D

【解析】 混凝土冬期施工要求：（1）采用硅酸盐水泥或普通硅酸盐水泥；采用蒸汽养护时，采用矿渣硅酸盐水泥；（2）降低水灰比，减少用水量，使用低流动性或干硬性混凝土；（3）浇筑前给材料加温；（4）对已浇筑混凝土保温加温；（5）加入一定外加剂（如引气

剂、引气型减水剂)。

2. 适用于振捣楼板、地面和薄壳薄壁构件，正确的是（　　）。

　　A. 内部振动器　　　B. 表面振动器　　　C. 外部振动器　　　D. 振动台

【答案】B

【解析】表面振动器：适用于振捣楼板、地面和薄壳薄壁构件。

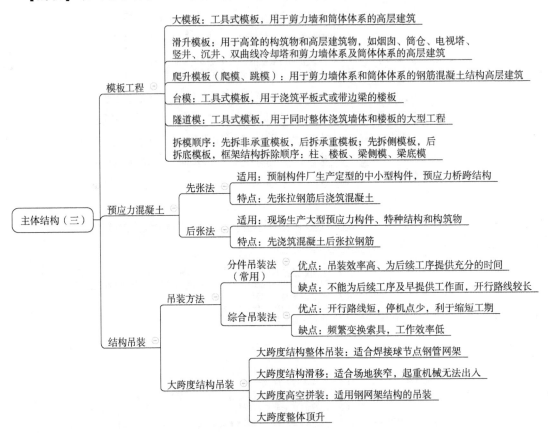

经典真题

1. 在剪力墙体系和筒体体系高层建筑的混凝土结构施工时，高效、安全、一次性模板投资少的模板形式应为（　　）。

　　A. 组合模板　　　　B 滑升模板　　　　C. 爬升模板　　　　D. 台模

【答案】C

【解析】爬升模板（爬模、跳模）：用于剪力墙体系和筒体体系的钢筋混凝土结构高层建筑。

2. 先张法预应力混凝土构件施工，其工艺流程为（　　）。

　　A. 支底模→支侧模→张拉钢筋→浇筑混凝土→养护、拆模→放张钢筋

　　B. 支底模→张拉钢筋→支侧模→浇筑混凝土→放张钢筋→养护、拆模

　　C. 支底模→预应力钢筋安放→张拉钢筋→支侧模→浇混凝土→拆模→放张钢筋

　　D. 支底模→钢筋安放→支侧模→张拉钢筋→浇筑混凝土→放张钢筋→拆模

【答案】C

【解析】先张法特点：先张拉钢筋后浇筑混凝土。

3. 对于大跨度的焊接球节点钢管网架的吊装，出于防火等级考虑，一般选用（　　）。

　　A. 大跨度结构高空拼装法施工　　B. 大跨度结构整体吊装法施工
　　C. 大跨度结构整体顶升法施工　　D. 大跨度结构滑移施工法

【答案】B

【解析】大跨度结构整体吊装适用焊接球节点钢管网架；大跨度结构滑移适合场地狭窄，起重机械无法出入的场所；大跨度高空拼装适用钢网架结构的吊装。

考点四、防水工程施工技术

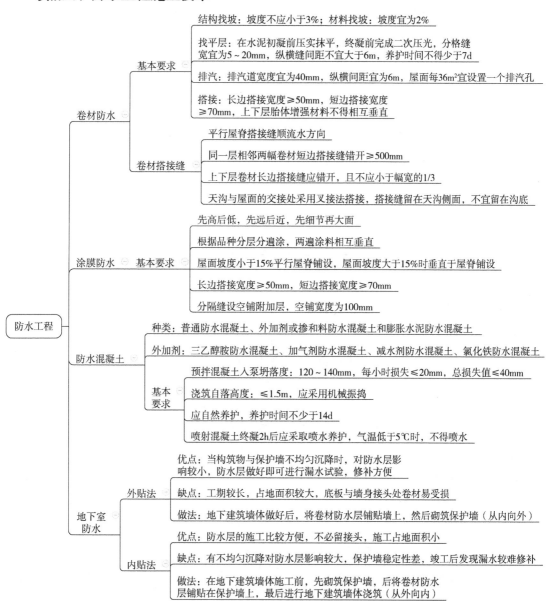

经典真题

1. 关于卷材防水屋面施工，说法正确的有（ ）。

    A. 当基层变形较大时，卷材防水层应优先选用满粘法

    B. 采用满粘法施工，找平层分格缝处卷材防水层应空铺

    C. 屋面坡度为3%～15%时，卷材防水层应优先采用平行屋脊方向铺粘

    D. 屋面坡度小于3%时，卷材防水层应平行屋脊方向铺粘

    E. 屋面坡度大于25%时，卷材防水层应采取固定措施

    【答案】BCDE

    【解析】基层变形较大时，除了不能用满粘法，别的方法都可以。

2. 防水混凝土施工时应注意的事项有（ ）。

    A. 应尽量采用人工振捣，不宜采用机械振捣

    B. 浇筑时自落高度不得大于1.5m

    C. 应采用自然养护，养护时间不少于7d

    D. 墙体水平施工缝应留在高出底板表面300mm以上的墙体中

    E. 施工缝距墙体预留孔洞边缘不小于300mm

    【答案】BDE

    【解析】口诀：机械振捣震得好，自然养护大14。

第二节 道路、桥梁与涵洞工程施工技术

一、框架体系

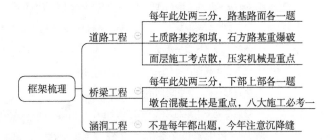

二、考情分析

考点	2016		2017		2018		2019		2020		2021	
	单	多	单	多	单	多	单	多	单	多	单	多
道路工程施工技术	0	1	2	1	2	2	2	2	2	0	2	2
桥梁工程施工技术	0	0	0	0	0	0	1	1	0	1	1	0
涵洞工程施工技术	0	0	0	0	0	0	0	0	1	0	0	0

三、考点详解

考点一、道路工程施工技术

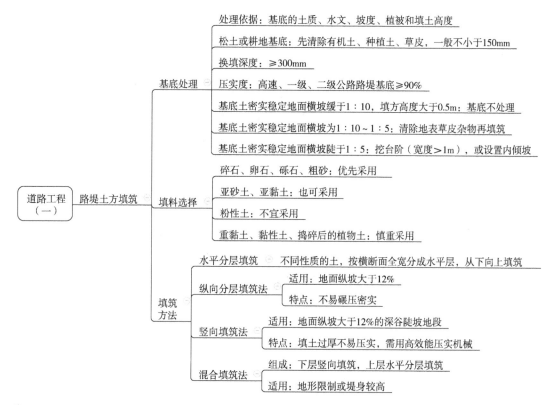

经典真题

1. 关于一般路基土方施工，下列说法正确的是（   ）。

   A. 填筑路堤时，对一般的种植土、草皮可不作清除

   B. 高速公路路堤基底的压实度不应小于90%

   C. 基底土质湿软而深厚时，按一般路基处理

   D. 填筑路堤时，为便于施工，尽量采用粉性土

【答案】B

【解析】基底土密实，稳定地面横坡缓于1:10，填方高度大于0.5m，基底不处理。压实度：高速、一级、二级公路路堤基底≥90%。

2. 路堤填筑时应优先选用的填筑材料为（   ）。

   A 卵石　　　　　B. 粉性土　　　　　C. 重黏土　　　　　D. 亚砂土

【答案】A

【解析】碎石、卵石、砾石、粗砂应优先采用；亚砂土、亚黏土也可采用；粉性土不宜采用；重黏土、黏性土、捣碎后的植物土慎重采用。

3. 路基填土施工时应特别注意（　　）。
   A. 优先采用竖向填筑法
   B. 尽量采用纵向分层填筑
   C. 纵坡大于12%时宜采用混合填筑
   D. 不同性质的土不能任意混填

【答案】D

【解析】优先采用水平分层填筑法。纵向分层填筑法适用地面纵坡大于12%。竖向填筑法适用地面纵坡大于12%的深谷陡坡地段。

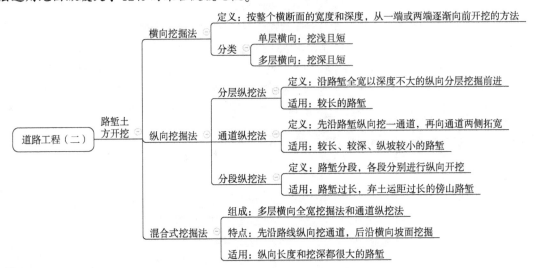

经典真题

路基开挖宜采用通道纵挖法的是（　　）。
   A. 长度较小的路堑
   B. 深度较浅的路堑
   C. 两端地面纵坡较小的路堑
   D. 不宜采用机械开挖的路堑

【答案】C

【解析】通道纵挖法适用较长、较深、纵坡较小的路堑。

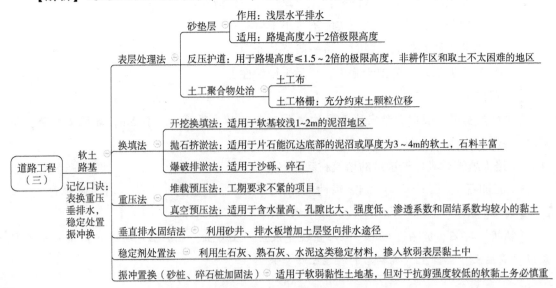

第四章 工程施工技术

经典真题

软土路基处治的换填法主要有（　　）。

A. 开挖换填法
B. 垂直排水固结法
C. 抛石挤淤法
D. 稳定剂处置法
E. 爆破排淤法

【答案】ACE

【解析】换填法包括：开挖换填法，抛石挤淤法，爆破排淤法。

道路工程（四）
- 路基石方
  - 爆破方法
    - 光面爆破：开挖界限周边排列炮孔，炸成光滑平整的边坡
    - 预裂爆破：控制药量先炸出一条裂缝
    - 微差爆破（毫秒爆破）：两相邻药包或前后药包时间间隔为15～75ms
    - 定向爆破：将大量土石方按照拟定的方向搬移到一定的位置并堆积成堤
    - 洞室爆破：岩体大量抛掷出路基，减少爆破后的清方
  - 施工程序：组织爆破人员进行技术学习和安全教育→对爆破器材进行检查→试验→清除表土→选择炮位→凿孔→装药→堵塞→敷设起爆网路→设置警戒线→起爆→清方
  - 装药
    - 集中药包：炸药完全装在炮孔的底部，适用于工作面较高的岩石，但不能保证岩石均匀破碎
    - 分散药包：适用于高作业面的开挖段
    - 药壶药包：适用于结构均匀致密的硬土、次坚石和坚石、量大而集中的石方施工
    - 坑道药包：适用于土石方大量集中、地势险要或工期紧迫的路段，以及特殊爆破工程
  - 堵塞：用干砂、滑石粉、黏土和碎石堵塞，用木棒捣实，切忌用铁棒
  - 起爆：塑料导爆管好用
  - 清方
    - 考虑因素：
      （1）工期所要求的生产能力；
      （2）工程单价；
      （3）爆破岩石的块度和岩堆的大小；
      （4）机械设备进入工地的运输条件；
      （5）爆破时机械撤离和重新进入工作面是否方便
    - 记忆口诀：工期价格运多少，机械进入，爆破进出
  - 经济运距：30～40m推土机；40～60m装载机；100m以上挖掘机配自卸汽车
- 填石路堤
  - 竖向填筑法（倾填法）
    - 定义：路基一端按横断面自上往下倾卸石料
    - 适用：二级及二级以下低级路面，陡峻山坡施工特别困难，大量爆破开挖
  - 分层压实法（碾压法）
    - 定义：自下而上水平分层，逐层填筑，逐层压实
    - 适用：高速公路、一级公路和高级路面
  - 冲击压实法
    - 优点：分层法连续性，强力夯实，压实厚度深
    - 缺点：周围有建筑物使用受限
  - 强力夯实法
    - 特点：设备简单，效果显著，施工中无须铺撒细粒料，施工速度快，大块石填筑地基厚层也能解决

经典真题

1. 关于路基石方爆破施工，下列说法正确的有（　　）。

   A. 光面爆破主要是通过加大装药量来实现

   B. 预裂爆破主要是为了增大一次性爆破石方量

   C. 微差爆破相邻两药包起爆时差可以为50ms

   D. 定向爆破可有效提高土石方的堆积效果

   E. 洞室爆破可减少清方工程量

   【答案】CDE

   【解析】光面爆破：开挖界限周边排列炮孔，炸成光滑平整的边坡。预裂爆破：控制药量先炸出一条裂缝。

2. 石方爆破清方时应考虑的因素是（　　）。

   A. 根据爆破块度和岩堆大小选择运输机械　　B. 根据工地运输条件决定车辆数量

   C. 根据不同的装药形式选择挖掘机械　　D. 运距在300m以内优先选用推土机

   【答案】A

   【解析】清方考虑因素：①工期所要求的生产能力；②工程单价；③爆破岩石的块度和岩堆的大小；④机械设备进入工地的运输条件；⑤爆破时机械撤离和重新进入工作面是否方便。

3. 填石路堤施工的填筑方法主要有（　　）。

   A. 竖向填筑法　　B. 分层压实法

   C. 振冲置换法　　D. 冲击压实法

   E. 强力夯实法

   【答案】ABDE

   【解析】填石路堤方法包括：竖向填筑法（倾填法）、分层压实法（碾压法）、冲击压实法和强力夯实法。

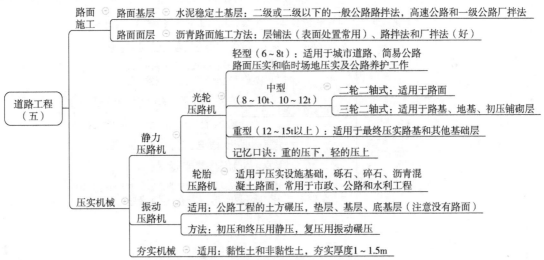

经典真题

1. 关于道路工程压实机械的应用，下列说法正确的有（　　）。

   A. 重型光轮压路机主要用于最终压实路基和其他基础层

   B. 轮胎压路机适用于压实砾石、碎石路面

   C. 新型振动压路机可以压实平、斜面作业面

   D. 夯实机械适用于黏性土壤和非黏性土壤的夯实作业

   E. 手扶式振动压路机适用于城市主干道的路面压实作用

   【答案】ABD

   【解析】振动压路机适用：公路工程的土方碾压，垫层、基层、底基层（注意没有路面）。夯实机械适用：黏性土和非黏性土，夯实厚度为1~1.5m。

2. 一级公路水泥稳定土路面基层施工，下列说法正确的是（　　）。

   A. 厂拌法　　　　B. 路拌法　　　　C. 振动压实法　　　　D. 人工拌和法

   【答案】A

   【解析】水泥稳定土基层：二级或二级以下的一般公路路拌法，高速公路和一级公路厂拌法。

考点二、桥梁工程施工技术

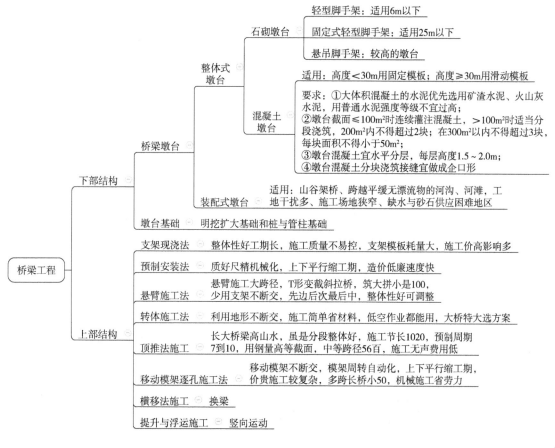

经典真题

1. 大跨径连续梁上部结构悬臂浇筑法施工的特点有（   ）。
   A. 施工速度较快   B. 上下平行作业
   C. 一般不影响桥下交通   D. 施工较复杂
   E. 结构整体性较差

   【答案】ABC

   【解析】悬臂施工法口诀：悬臂施工大跨径，T形变截斜拉桥，筑大拼小是100，少用支架不断交，先边后次最后中，整体性好可调整。

2. 关于桥梁上部结构顶推法施工特点，下列说法正确的是（   ）。
   A. 减少高空作业，无须大型起重设备
   B. 施工材料用量少，施工难度小
   C. 适宜于大跨在桥梁施工
   D. 施工周期短，但施工费用高

   【答案】A

   【解析】顶推法施工口诀：长大桥梁高山水，虽是分段整体好，施工节长1020，预制周期7到10，用钢量高等截面，中等跨径56百，施工无声费用低。

3. 配制桥梁实体墩台混凝土的水泥，应优先选用（   ）。
   A. 硅酸盐水泥   B. 普通硅酸盐水泥
   C. 铝酸盐水泥   D. 矿渣硅酸盐水泥

   【答案】D

   【解析】混凝土墩台要求：①大体积混凝土的水泥优先选用矿渣水泥、火山灰水泥，用普通水泥强度等级不宜过高；②墩台截面≤100m² 时连续灌注混凝土，>100m² 时适当分段浇筑，200m² 内不得超过2块；在300m² 以内不得超过3块，每块面积不得小于50m²；③墩台混凝土宜水平分层，每层高度1.5~2.0m；④墩台混凝土分块浇筑接缝宜做成企口形。

考点三、涵洞工程施工技术

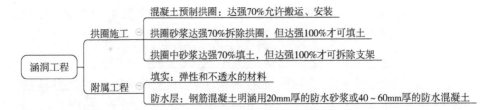

经典真题

1. 涵洞沉降缝适宜设置在（   ）。
   A. 涵洞和翼墙交接处   B. 洞身范围中段

C. 进水口外缘面　　　　　　　　　D. 端墙中心线处

【答案】A

【解析】沉降缝设置在受力较小处。

2. 拱圈砂浆达强70%拆除拱圈，但达强（　　）才可填土。

A. 60%　　　　B. 70%　　　　C. 80%　　　　D. 100%

【答案】D

【解析】拱圈砂浆达到设计强度70%拆除拱圈，但达到100%设计强度才可填土。拱圈中砂浆达到设计强度70%填土，但达到设计强度100%才可拆除支架。

第三节　地下工程施工技术

一、框架体系

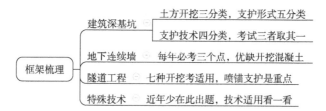

二、考情分析

考点	2016		2017		2018		2019		2020		2021	
	单	多	单	多	单	多	单	多	单	多	单	多
建筑工程深基坑施工技术	0	0	0	0	1	1	2	0	1	0	0	0
地下连续墙施工技术	1	1	1	1	0	0	0	0	0	0	1	0
隧道工程施工技术	2	1	2	1	2	0	1	1	0	0	1	0
地下工程特殊施工技术	0	0	0	0	0	0	0	0	0	0	1	1

三、考点详解

考点一、建筑工程深基坑施工技术

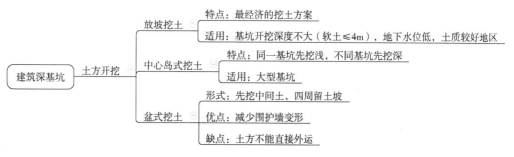

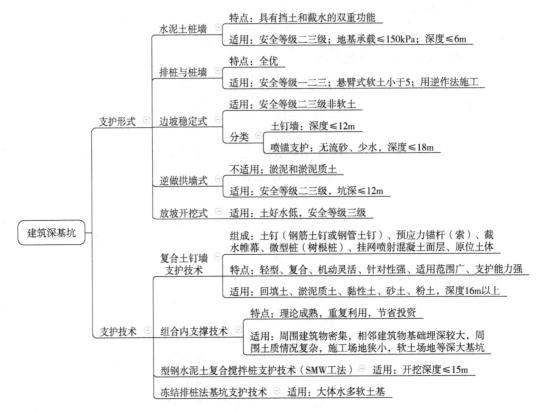

经典真题

1. 冻结排桩法施工技术主要适用于（ ）。

   A. 基岩比较坚硬、完整的深基坑施工

   B. 表土覆盖比较浅的一般基坑施工

   C. 地下水丰富的深基坑施工

   D. 岩土体自支撑能力较强的浅基坑施工

   【答案】C

   【解析】冻结排桩法基坑支护技术适用环境（口诀）：大体水多软土基。

2. 场地大、空间大、土质好、地下水位低的深基坑，采用的开挖方式为（ ）。

   A. 水泥挡墙式　　　　　　　　B. 排桩与桩墙式

   C. 逆作墙式　　　　　　　　　D. 放坡开挖式

   【答案】D

   【解析】放坡挖土适用：基坑开挖深度不大（软土≤4m），地下水位低，土质较好地区。

3. 深基坑土方开挖工艺主要分为（ ）。

   A. 放坡挖土　　　　　　　　　B. 导墙式开挖

   C. 中心岛式挖土　　　　　　　D. 护壁式开挖

E. 盆式挖土

【答案】ACE

【解析】深基坑土方开挖工艺有放坡挖土、中心岛式挖土、盆式挖土。

考点二、地下连续墙施工技术

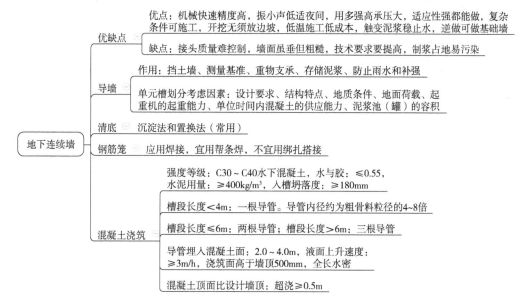

经典真题

1. 地下连续墙开挖，对确定单元槽段长度因素说法正确的有（ ）。

   A. 土层不稳定时，应增大槽段长度

   B. 附件有较大地面荷载时，可减小槽段长度

   C. 防水要求高时可减小槽段长度

   D. 混凝土供应充足时可选用较大槽段

   E. 现场起重能力强可选用较大槽段

【答案】BDE

【解析】单元槽划分考虑因素：设计要求、结构特点、地质条件、地面荷载、起重机的起重能力、单位时间内混凝土的供应能力、泥浆池（罐）的容积。

2. 关于地下连续墙施工，说法正确的有（ ）。

   A. 机械化程度高

   B. 强度大、挡土效果好

   C. 必须放坡开挖、施工土方量大

   D. 相邻段接头部位容易出现质量问题

   E. 作业现场容易出现污染

【答案】ABDE

【解析】地下连续墙优点（口诀）：机械快速精度高，振小声低适夜间，用多强高承压大，适应性强都能做，复杂条件可施工，开挖无须放边坡，低温施工低成本，触变泥浆稳止水，逆做可做基础墙。

3. 地下连续墙混凝土浇灌应满足以下要求（　　）。

　　A. 水泥用量不宜小于 400kg/m³　　　　B. 导管内径约为粗骨料粒径的 3 倍
　　C. 混凝土水灰比不应小于 0.6　　　　　D. 混凝土强度等级不高于 C20

【答案】A

【解析】强度等级：C30～C40 水下混凝土。水与胶：≤0.55。水泥用量：≥400kg/m³。入槽坍落度：≥180mm。

考点三、隧道工程施工技术

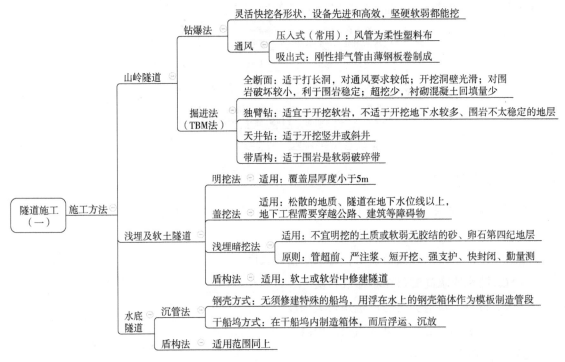

> 经典真题

1. 适用深埋于岩体的长隧洞施工的方法是（　　）。

　　A. 顶管法　　　　B. TBM 法　　　　C. 盾构法　　　　D. 明挖法

【答案】B

【解析】全断面：适于打长洞，对通风要求较低；开挖洞壁光滑；对围岩破坏较小，利于围岩稳定；超挖少，衬砌混凝土回填量少。

2. 下列设备中，专门用来开挖竖井或斜井的大型钻具是（　　）。

　　A. 全断面掘进机　　B. 独臂钻机　　C. 天井钻机　　D. TBM 设备

【答案】 C

【解析】 天井钻：适于开挖竖井或斜井。

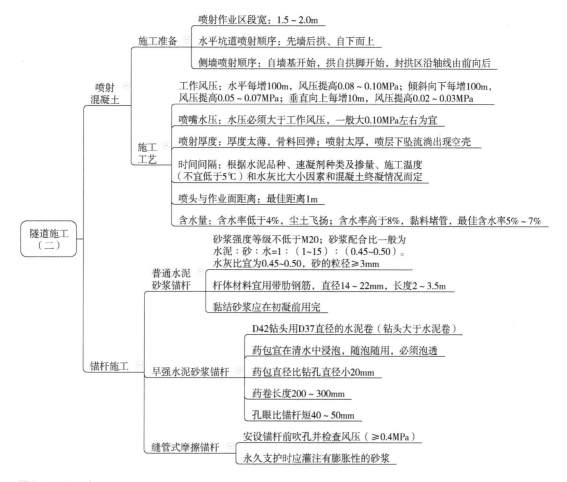

经典真题

1. 关于隧道工程喷射混凝土支护，下列说法正确的有（　　）。

   A. 拱形断面隧道开挖后先喷墙后喷拱

   B. 拱形断面隧道开挖后直墙部分先从墙顶喷至墙脚

   C. 湿喷法施工骨料回弹比干喷法大

   D. 干喷法比湿喷法施工粉尘少

   E. 封拱区应沿轴线由前向后喷射

【答案】 AE

【解析】 水平坑道喷射顺序：先墙后拱、自下而上。侧墙喷射顺序：自墙基开始，拱自拱脚开始，封拱区沿轴线由前向后。干喷有灰。

2. 地下工程喷射混凝土施工时，正确的工艺要求有（　　）。

   A. 喷射作业区段宽以 1.5~2.0m 为宜

B. 喷射顺序应先喷墙后喷拱

C. 喷管风压随水平输送距离增大而提高

D. 工作风压通常应比水压大

E. 为减少浆液浪费，一次喷射厚度不宜太厚

【答案】AC

【解析】水平坑道喷射顺序：先墙后拱、自下而上。侧墙喷射顺序：自墙基开始，拱自拱脚开始，封拱区沿轴线由前向后。工作风压：水平每增100m，风压提高0.08～0.10MPa；倾斜向下每增100m，风压提高0.05～0.07MPa；垂直向上每增10m，风压提高0.02～0.03MPa。喷嘴水压：水压必须大于工作风压，一般大0.10MPa左右为宜。

3. 关于喷射混凝土施工，说法正确的是（　　）。

　　A. 一次喷射厚度太薄，骨料易产生较大的回弹

　　B. 工作风压大于水压有利于喷层附着

　　C. 喷头与工作面距离越短越好

　　D. 喷射混凝土所用骨料含水率越低越好

【答案】A

【解析】喷嘴水压：水压必须大于工作风压，一般大0.10MPa左右为宜。含水量：含水率低于4%，尘土飞扬；含水率高于8%，黏料堵管，最佳含水率为5%～7%。

4. 对地下工程喷射混凝土施工说法正确的是（　　）。

　　A. 喷嘴处水压应比工作风压大

　　B. 工作风压随送风距离增加而调低

　　C. 骨料回弹率与一次喷射厚度成正比

　　D. 喷嘴与作业面之间的距离越小，回弹率越低

【答案】A

【解析】工作风压：水平每增100m，风压提高0.08～0.10MPa；倾斜向下每增100m，风压提高0.05～0.07MPa；垂直向上每增10m，风压提高0.02～0.03MPa。喷射厚度：厚度太薄，骨料回弹；喷射太厚，喷层下坠流淌出现空壳。喷头与作业面最佳距离1m。

5. 以下关于早强水泥砂浆锚杆施工说法正确的有（　　）。

　　A. 快硬水泥卷在使用前需用清水浸泡

　　B. 早强药包使用时严禁与水接触或受潮

　　C. 早强药包的主要作用为封堵孔口

　　D. 快硬水泥卷的直径应比钻孔直径大20mm左右

　　E. 快硬水泥卷的长度与锚固长度相关

【答案】AE

【解析】药包宜在清水中浸泡，随泡随用，必须泡透。药包直径比钻孔直径小20mm。

考点四、地下工程特殊施工技术

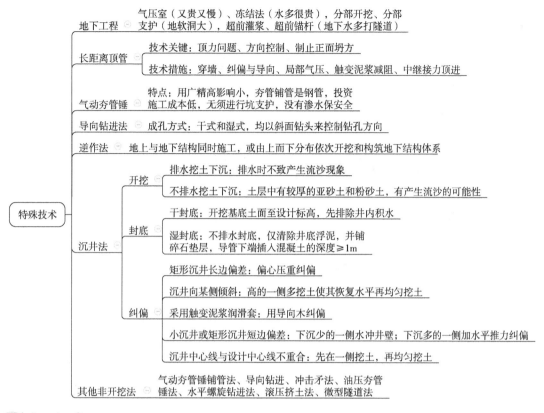

经典真题

1. 采用沉井法施工,当沉井中心线与设计中心线不重合时,通常采用以下方法纠偏( )。

   A. 通过起重机械吊挂调试
   B. 在沉井内注水调试
   C. 通过中心线一侧挖土调整
   D. 在沉井外侧卸土调整

【答案】C

【解析】当沉井中心线与设计中心线不重合时,先在一侧挖土,再均匀挖土。

2. 采用长距离地下顶管技术施工时,通常在管道中设置中继环,其主要作用是( )。

   A. 控制方向　　B. 增加气压　　C. 控制塌方　　D. 克服摩阻力

【答案】D

【解析】长距离顶管技术措施:穿墙、纠偏与导向、局部气压、触变泥浆减阻、中继接力顶进。

第五章

工程计量

第一节 工程计量的基本原理与方法

一、框架体系

```
          ┌─ 工程计量的有关概念 ─ 此处几乎不出题，但并不是没考点
          │
          ├─ 工程量计算的依据 ─ 四大依据重细节
          │
          │                      ┌─ 编码特征和单位，规则内容补清单
框架梳理 ─┼─ 计算规范和消耗量定额─┤
          │                      └─ 清单定额两关系，以上出题频率高
          │
          ├─ 平法标准图集 ─ 考试基本考常规，书上例子要牢记
          │
          └─ 工程量计算方法 ─ 统筹计算步骤图，六种关系考顺序
```

二、考情分析

考点	2016		2017		2018		2019		2020		2021	
	单	多	单	多	单	多	单	多	单	多	单	多
工程量计算的依据	0	0	0	0	0	0	1	0	0	0	0	0
工程量计算规范和消耗量定额	3	0	0	0	1	1	1	1	1	1	1	1
平法标准图集	0	0	3	1	1	0	1	0	0	0	1	0
工程量计算的方法	0	0	0	0	1	0	0	0	0	0	1	0

三、考点详解

考点一、工程计量概念及工程量计算的依据

```
              ┌─ 工程量作用 ─┬─ (1) 工程量是确定建筑安装工程造价的重要依据
              │              ├─ (2) 工程量是承包方生产经营管理的重要依据
              │              └─ (3) 工程量是发包方管理工程建设的重要依据
工程计量概念 ─┤
              │              ┌─ (1) 工程量计算规范中的工程量计算规则（九大清单计量规则），工程量为施工图纸的
              │              │      净量，不考虑施工余量
              └─ 计算规则 ────┤
                             └─ (2) 消耗量定额工程量计算规则和其他定额的工程量计算规则（概算定额、预算定额），
                                    工程量除了施工图纸的净量，还需考虑施工余量
```

第五章　工程计量

```
                    ┌─ 国家发布的工程量计算规范，国家、地方和行业发布的消耗量定额及其工程量计算规则
                    ├─ 经审定的施工设计图纸及其说明
   工程量计算依据 ──┼─ 经审定的施工组织设计（项目管理实施规划）或施工方案
                    ├─ 经审定通过的其他有关技术经济文件（工程施工合同、招标文件的商务条款）
                    └─ 记忆口诀：一个规定三审定
```

经典真题

下列内容中，属于工程量清单项目工程量计算依据的是（　　）。

A. 经审定的施工图纸及设计说明　　　B. 工程项目管理实施规划
C. 招标文件的商务条款　　　　　　　D. 工程量计算规则

【答案】A

【解析】一个规定三审定。

考点二、工程量计算规范和消耗量定额

```
                    ┌─ 计算规范 ──┬─ 正文 ── 总则、术语、工程计量、工程量清单编制
                    │             ├─ 附录 ──┬─ 可计量：项目编码、项目名称、项目特征描述的
                    │             │         │         内容、计量单位、工程量计算规则及工作内容
                    │             │         └─ 不可计量：项目编码、项目名称和工作内容及包含范围
                    │             └─ 条文说明
                    │
                    ├─ 项目编码 ── 五级十二位，专业工程附录码，分部分项顺序码
                    │
                    ├─ 项目特征 ──┬─ 表征项目自身价值的本质特征，体现清单价值特有属性和本质特征的描述
                    │             ├─ 体现对清单项目的质量要求，是确定综合单价不可缺少的重要依据
                    │             └─ 是区分具体清单项目的依据，是确定综合单价的前提，是履行合同义务的基础
                    │
                    ├─ 工作内容 ──┬─ 体现完成一个合格的清单项目需要具体做的施工作业和操作程序，确定其工程成本
                    │             └─ 在编制工程量清单时，一般不需要描述工作内容
计算规范和          │
消耗量定额 ─────────┤             ┌─ 清单计量单位均为基本单位
                    │             │
                    │             │   附录中有两个或两个以上计量单位，应选择其一，同一个建设项目、
                    │             │   标段、合同段中，有多个单位工程的相同项目计量单位必须保持一致
                    ├─ 计量单位 ──┤
                    │             │        (1) 以"t"为单位，应保留小数点后三位数字，第四位小数四舍五入
                    │             │   有效  (2) 以"m、m²、m³、kg"为单位，应保留小数点后两位数字，第三位
                    │             │   位数       小数四舍五入
                    │             │        (3) 以"个、件、根、组、系统"为单位，应取整数
                    │
                    │             ┌─ 可计量：项目编码、项目名称、项目特征、计
                    │             │         量单位、工程量计算规则以及包含的工作内容
                    ├─ 清单项目 ──┼─ 不可计量：名称、工作内容及包含范围
                    │   的补充    ├─ 编码：专业工程代码+B+三位阿拉伯数字，从XXB001起，同一招标工程项目不得重码
                    │             └─ 规则：编制人补充，报省级或行业工程造价管理机构备案
                    │
                    │             ┌─ 联系：章节划分与附录顺序基本一致，项目编码与规范项目编码基本一致
                    └─ 清单与定额 ┼─ 区别：用途不同、项目划分和综合的工作内容不同、计算口径不同、计量单位不同
                        的关系    ├─ 清单计量单位：基本的物理计量单位或自然计量单位（m²、m、kg、t）
                                  └─ 定额中计量单位：扩大的物理计量单位或自然计量单位（100m²、1000m³、100m）
```

> 经典真题

1. 工程量清单要素中的项目特征，其主要作用体现在（　　）。
   A. 提供确定综合单价的依据　　　　B. 描述特有属性
   C. 明确质量要求　　　　　　　　　D. 明确安全要求
   E. 确定措施项目

【答案】ABE

【解析】项目特征是表征项目自身价值的本质特征，体现清单价值特有属性和本质特征的描述。项目特征体现对清单项目的质量要求，是确定综合单价不可缺少的重要依据。项目特征是区分具体清单项目的依据，是确定综合单价的前提，是履行合同义务的基础。

2. 工程量计算规范中"工作内容"的作用有（　　）。
   A. 给出了具体施工作业内容
   B. 体现了施工作业和操作程序
   C. 是进行清单项目组价基础
   D. 可以按工作内容计算工程成本
   E. 反映了清单项目的质量和安全要求

【答案】ABC

【解析】工作内容是体现完成一个合格的清单项目需要具体做的施工作业和操作程序，确定其工程成本。在编制工程量清单时，一般不需要描述工作内容。

3. 在同一合同段的工程量清单中，多个单位工程中具有相同项目特征的项目编码和计量单位时（　　）。
   A. 项目编码不一致，计量单位不一致
   B. 项目编码一致，计量单位一致
   C. 项目编码不一致，计量单位一致
   D. 项目编码一致，计量单位不一致

【答案】C

【解析】附录中有两个或两个以上计量单位，应选择其一，同一个建设项目、标段、合同段中，有多个单位工程的相同项目计量单位必须保持一致。

考点三、平法标准图集

平法图集（一）
- 平法优点：减少图纸数量，实现平面表示和整体标注
- 柱平法：
  - 注写方式：列表、截面
  - 类型代号：框架柱（KZ）、转换柱（ZHZ）、芯柱（XZ）、梁上柱（LZ）、剪力墙上柱（QZ）

第五章 工程计量

- 平法图集（一）
  - 梁平法
    - 注写方式：平面、截面
    - 平面注写
      - 集中标注：表达梁的通用数值
      - 原位标注：表达梁的特殊数值，施工时原位标注优先于集中标注
    - 类型代号：楼层框架梁（KL）、楼层框架扁梁（KBL）、屋面框架梁（WKL）、框支梁（KZL）、托柱转换梁（TZL）、非框架梁（L）、悬挑梁（XL）、井字梁（JZL）
    - A为一端悬挑，B为两端悬挑，悬挑不计跨数，如：KL7（5A）表示7号楼层框架梁，5跨，一端悬挑
    - 箍筋：$\phi 8@100（4）/150（2）$，表示箍筋为HPB300钢筋，直径为8mm，加密区间距为100mm，四肢箍；非加密区间距为150mm，两肢箍
    - 梁侧面钢筋：当梁腹板高度 $h_w \geq 450mm$ 时，需配置纵向构造钢筋，如 G4ϕ12表示梁的两个侧面配置4ϕ12的纵向构造钢筋，每侧面各配置2ϕ12，如 N6ϕ22表示梁的两个侧面配置6ϕ22的受扭纵向钢筋，每侧面各配置3ϕ22
  - 板平法
    - 注写方式：集中标注、原位标注
    - 类型代号：楼面板（LB）、屋面板（WB）、悬挑板（XB）
    - B代表下部，T代表上部

- 平法图集（二）
  - 独基平法
    - 分类
      - 按接柱施工方式分：普通独立基础（现浇整体式）和杯口独立基础（装配式）
      - 按底板截面形式分：阶梯形和坡形
    - 注写方式：集中标注和原位标注
    - 集中标注三项必注：基础形式和编号、截面竖向尺寸、配筋
    - 注写为：$h_1/h_2/\cdots$，要求由下往上表示每个台阶的高度，如 400/300表示基础的竖向尺寸为 $h_1=400mm$、$h_2=300mm$，基础底板厚度或基础高度=400+300=700mm
    - 基础底板底部配筋以B表示，基础底板顶部配筋以T表示
  - 剪力墙平法
    - 注写方式：列表注写和截面注写
    - 类型代号：约束边缘构件（YBZ）、构造边缘构件（GBZ）、非边缘暗柱（AZ）和扶壁柱（FBZ）、连梁（LL）、暗梁（AL）和边框梁（BKL），矩形洞口为JDXX，圆形洞口为YDXX（XX为序号）
  - 楼梯平法
    - 带平板的梯板且梯段板厚度和平板厚度不同时，在梯段板厚度后面括号内以字母P打头注写平板厚度。例如，AT1 h=130（P150），130表示梯段板厚度，150表示梯段平板段的厚度

经典真题

1. 有梁楼盖平法施工图中标注的 XB2 h = 120/80；B：Xc8@150；Yc8@200；T：X8@150 理解正确的是（　　）。

　　A. XB2 表示"2 块楼面板"

　　B. B：Xc 中 8@150 表示"板下部配 X 向构造筋 8@150"

　　C. Y8@200 表示"板上部配构造筋 8@200"

　　D. X8@150 表示"竖向和 X 向配贯通纵筋 8@150"

【答案】B

【解析】XB2 表示"2 号楼面板"。"Y8@200"表示"板下部配构造筋 8@200"。"X8@150"表示"X 向配贯通纵筋 8@150"。

2. 对独立柱基础底板配筋平法标注图中的"T：7⊕18@100/⊕10@200"，理解正确的是（　　）。

　　A. "T"表示底板底部配筋

　　B. "7⊕18@100"表示 7 根 HRB335 级钢筋，间距 100mm

　　C. "⊕10@200"表示直径为 10mm 的 HRB335 级钢筋，间距 200mm

　　D. "7⊕18@100"表示 7 根受力筋的配置情况

【答案】D

【解析】"T"表示底板顶部配筋。"7⊕18@100"表示 7 根 HRB400 级钢筋直径 18mm，间距 100mm。"⊕10@200"表示直径为 10mm 的 HRB400 级钢筋，间距 200mm。

3. 在我国现行的 16G101 系列平法图纸中，楼层框架梁的标注代号为（　　）。

　　A. WKL　　　　　　　　　　B. KL

　　C. KBL　　　　　　　　　　D. KZL

【答案】B

【解析】楼层框架梁的标注代号为 KL。

4. 《国家建筑标准设计图集》（16G101）平法施工图中，剪力墙上柱的标注代号为（　　）。

　　A. JLQZ　　　　　　　　　　B. JLQSZ

　　C. LZ　　　　　　　　　　　D. QZ

【答案】D

【解析】剪力墙上柱的标注代号为 QZ。

5. 在《国家建筑标准设计图集》（16G101）梁平法施工图中，KL9（6A）表示的含义是（　　）。

　　A. 9 跨屋面框架梁，间距为 6m，等截面梁

　　B. 9 跨框支梁，间距为 6m，主梁

　　C. 9 号楼层框架梁，6 跨，一端悬挑

　　D. 9 号框架梁，6 跨，两端悬挑

【答案】C

【解析】KL9（6A）表示 9 号楼层框架梁，6 跨，一端悬挑。

考点四、工程量计算的方法

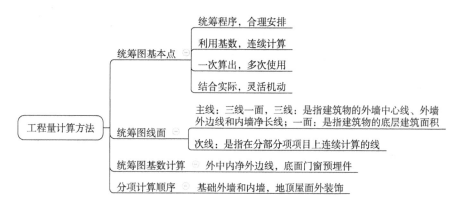

经典真题

1. 关于计算工程量程序统筹图的说法，正确的是（   ）。

   A. 与"三线一面"有共性关系的分部分项工程量用"册"或图示尺寸计算

   B. 统筹图主要由主次程序线、基数、分部分项工程量计算式及计算单位组成

   C. 主要程序线是指分部分项项目上连续计算的线

   D. 次要程序线是指在"线""面"基数上连续计算项目的线

【答案】B

【解析】主要程序线是指在"线""面"基数上连续计算项目的线。次要程序线是指在分部分项项目上连续计算的线。

2. 统筹法计算工程量常用的"三线一面"中的"一面"是指（   ）。

   A. 建筑物标准层建筑面积　　　　B. 建筑物地下室建筑面积

   C. 建筑物底层建筑面积　　　　　D. 建筑物转换层建筑面积

【答案】C

【解析】三线一面中的一面是指建筑物底层建筑面积。

第二节　建筑面积计算

一、框架体系

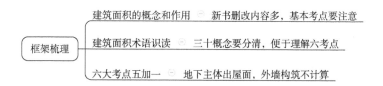

二、考情分析

考点	2016		2017		2018		2019		2020		2021	
	单	多	单	多	单	多	单	多	单	多	单	多
建筑面积的概念和作用	0	0	0	0	0	0	0	0	0	0	1	0
建筑面积计算规则与方法	4	1	4	1	4	1	4	1	6	1	3	1

三、考点详解

考点一、建筑面积的概念和作用

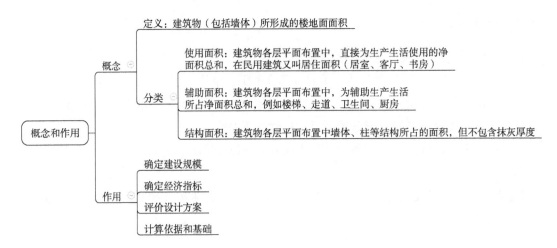

经典真题

1. 在建筑面积计算中,有效面积包括( )。

   A. 使用面积和结构面积　　　　　　B. 居住面积和结构面积
   C. 使用面积和辅助面积　　　　　　D. 居住面积和辅助面积

【答案】C

【解析】有效面积＝使用面积＋辅助面积。

2. 下列内容中,属于建筑面积中的辅助面积的是( )。

   A. 阳台面积　　　　　　　　　　　B. 墙体所占面积
   C. 柱所占面积　　　　　　　　　　D. 会议室所占面积

【答案】A

【解析】辅助面积:建筑物各层平面布置中,为辅助生产生活所占净面积总和,例如楼梯、走道、卫生间、厨房。

考点二、建筑面积计算规则与方法

术语识读（一）

- **建筑面积**
  - 墙体围合的楼地面面积（包括墙体的面积）
  - 包括附属于建筑物的室外阳台、雨篷、檐廊、室外走廊、室外楼梯等

- **建筑空间**
  - 以建筑界面限定的、供人们生活和活动的场所，是围合空间，可出入、可利用
  - 可出入指人能够正常出入，即通过门或楼梯等进出；而必须通过窗、栏杆、孔洞、检修孔等出入的不算可出入

- **自然层** — 按楼地面结构分层的楼层（空间概念）

- **结构层** — 整体结构体系中承重的楼板层，包括板、梁等构件，而非局部结构起承重作用的分隔层（平面概念）

- **结构层高**
  - 楼面或地面结构层上表面至上部结构层上表面之间的垂直距离
  - 上下均为楼面时，结构层高是相邻两层楼板结构层上表面之间的垂直距离
  - 建筑物最底层，从混凝土构造的上表面，算至上层楼板结构层上表面
  - 建筑物顶层，从楼板结构层上表面算至屋面板结构层上表面
  - 构造两种情况
    - 有混凝土底板的，从底板上表面算起，如底板上有上反梁，则应从反梁上表面算起
    - 无混凝土底板、有地面构造的，以地面构造中最上一层混凝土垫层或混凝土找平层上表面算起

- **结构净高** — 楼面或地面结构层上表面至上部结构层下表面之间的垂直距离

术语识读（二）

- **主体结构** — 接受、承担和传递建设工程所有上部荷载，维持上部结构整体性、稳定性和安全性的有机联系的构造
- **围护结构** — 围合建筑空间的墙体、门、窗
- **围护设施** — 为保障安全而设置的栏杆、栏板等围挡
- **地下室** — 室内地平面低于室外地平面的高度超过室内净高的1/2的房间
- **半地下室** — 室内地平面低于室外地平面的高度超过室内净高的1/3，且不超过1/2的房间
- **架空层** — 架空层指仅有结构支撑而无外围护结构的开敞空间层，即架空层是没有围护结构的
- **走廊** — 建筑物中的水平交通空间
- **架空走廊** — 专门设置在建筑物的二层或二层以上，作为不同建筑物之间水平交通的空间
- **落地橱窗** — 突出外墙面且根基落地的橱窗
- **凸窗（飘窗）** — 凸出建筑物外墙面的窗户
- **檐廊** — 建筑物挑檐下的水平交通空间，特指一层
- **挑廊** — 挑出建筑物外墙的水平交通空间，特指二层及二层以上
- **门斗** — 建筑物入口处两道门之间的空间。门斗是全围合的，门廊、雨篷至少有一面不围合

术语识读（三）

- 门斗 — 建筑物入口处两道门之间的空间。门斗是全围合的，门廊、雨篷至少有一面不围合
- 门廊 — 建筑物入口前有顶棚的半围合空间，在建筑物出入口，无门、三面或两面有墙，上部有板（或借用上部楼板）围护的部位
- 雨篷 — 建筑出入口上方为遮挡雨水而设置的部件
- 楼梯 — 由连续行走的梯级、休息平台和维护安全的栏杆（或栏板）、扶手以及相应的支托结构组成的作为楼层之间垂直交通使用的建筑部件
- 台阶 — 联系室内外地坪或同楼层不同标高而设置的阶梯形踏步
- 阳台 — 附设于建筑物外墙，设有栏杆或栏板，可供人活动的室外空间
- 露台 — 设置在屋面、首层地面或雨篷上的供人室外活动的有围护设施的平台
- 变形缝 — 防止建筑物在某些因素作用下引起开裂甚至破坏而预留的构造缝，有立面变形缝和水平变形缝
- 骑楼 — 建筑底层沿街面后退且留出公共人行空间的建筑物
- 过街楼（过街骑楼）— 是跨越道路上空并与两边建筑相连接的建筑物
- 建筑物通道 — 为穿过建筑物而设置的空间
- 勒脚 — 在房屋外墙接近地面部位设置的饰面保护构造

六大考点（一）

地下

地下室、半地下室
- 怎么算：按其结构外围水平面积计算
- 算多少：结构层高在2.20m及以上计算全面积；结构层高在2.20m以下计算半面积
- 注意事项：
  - 未形成建筑空间的，不属于地下室或半地下室，不计算建筑面积
  - 外墙为变截面，按楼地面结构标高处的外围水平面积计算
  - 地下室的外墙结构不包括找平层、防水（潮）层、保护墙等

采光井
- 怎么算：按其结构外围水平面积计算
- 算多少：结构净高在2.10m及以上计算全面积；结构净高在2.10m以下计算半面积
- 注意事项：无论采光几层均按一层计算面积

外墙外侧坡道
- 怎么算：按其外墙结构外围水平面积计算
- 算多少：有顶盖的部位按一半计算；无顶盖不计算建筑面积
- 注意事项：
  - 顶盖以设计图纸为准，对后增加及建设单位自行增加的顶盖，不计算建筑面积
  - 顶盖不分材料种类，如钢筋混凝土顶盖、彩钢板顶盖、阳光板顶盖等
  - 建筑物内的部分随建筑物正常计算建筑面积，建筑物外的部分按坡道执行
  - 建筑物内、外的划分以建筑物外墙结构外边线为界

主体

自然房间
- 怎么算：按自然层外墙结构外围水平面积之和计算
- 算多少：结构层高在2.20m及以上计算全面积；结构层高在2.20m以下计算半面积

建筑物内局部楼层
- 怎么算：有围护结构的应按其围护结构外围水平面积计算，无围护结构的应按其结构底板水平面积计算
- 算多少：结构层高在2.20m及以上计算全面积，结构层高在2.20m以下计算半面积

架空层
- 怎么算：按其顶板水平投影计算建筑面积
- 算多少：结构层高在2.20m及以上计算全面积；结构层高在2.20m以下计算半面积
- 注意事项：顶板水平投影面积是指架空层结构顶板的水平投影面积，不包括架空层主体结构外的阳台、空调板、通长水平挑板等外挑部分

第五章 工程计量

- **六大考点（二）** — 主体
  - 阳台
    - 主体结构内的阳台：按其结构外围水平面积计算全面积
    - 主体结构外的阳台：按其结构底板水平投影面积计算半面积
    - 注意事项
      - 砖混结构：以外墙（即围护结构，包括墙、门、窗）来判断，外墙以内为主体结构内，外墙以外为主体结构外
      - 框架结构：柱梁体系之内为主体结构内，柱梁体系之外为主体结构外
      - 剪力墙结构：
        （1）如阳台在剪力墙包围之内，则属于主体结构内
        （2）如相对两侧均为剪力墙时，也属于主体结构内
        （3）如相对两侧仅一侧为剪力墙时，则属于主体结构外
        （4）如相对两侧均无剪力墙时，也属于主体结构外
      - 剪力墙与框架混合：
        （1）角柱为受力结构，根基落地，则阳台为主体结构内
        （2）角柱仅为造型，无根基，则阳台为主体结构外
  - 门厅、大厅
    - 怎么算：按其结构外围水平面积计算
    - 算多少：结构层高在2.20m 及以上计算全面积；结构层高在2.20m 以下计算半面积
  - 门厅、大厅内的走廊
    - 怎么算：按走廊结构底板水平投影面积计算建筑面积
    - 算多少：结构层高在2.20m 及以上计算全面积；结构层高在2.20m 以下计算半面积
  - 架空走廊
    - 有顶盖和围护结构：按其围护结构外围水平面积计算全面积
    - 无围护结构有围护设施：按其结构底板水平投影面积计算半面积
  - 舞台灯光控制室
    - 怎么算：按其围护结构外围水平面积计算
    - 算多少：结构层高在2.20m及以上计算全面积；结构层高在2.20m 以下计算半面积
    - 注意事项：必须是室内
  - 围护结构不垂直
    - 怎么算：按其底板面的外墙外围水平面积计算
    - 算多少：结构净高在2.10m 及以上的部位计算全面积;结构净高在1.20m及以上至2.10m以下的部位计算半面积;结构净高在1.20m以下的部位不计算建筑面积
    - 注意事项：蛋壳型外壳，无法准确说底是算墙还是算屋顶，因此就按净高划段，分别计算建筑面积

- **六大考点（三）** — 主体
  - 室内各井道
    - 怎么算：并入建筑物的自然层计算建筑面积
    - 算多少：结构层高在2.20m 及以上计算全面积;结构层高在2.20m 以下计算半面积
    - 注意事项
      - 建筑物大堂内的楼梯、跃层 或复式住宅的室内楼梯等应计算建筑面积
      - 室内公共楼梯间两侧自然层数不同时，以楼层多的层数计算
  - 幕墙
    - 作为围护结构：按幕墙外边线计算建筑面积
    - 作为装饰构件：按结构外边线计算建筑面积
  - 外墙外保温层
    - 怎么算：按其保温材料的截面面积，并计入自然层建筑面积，有几层算几层
    - 算多少：以保温材料的净厚度乘以外墙结构外边线长度，按建筑物的自然层计算建筑面积
    - 注意事项
      - 外墙外边线长度不扣除门窗和建筑物外已计算建筑面积构件（如阳台、室外走廊、门斗、落地橱窗等部件）所占长度
      - 建筑物外已计算建筑面积的构件（如阳台、室外走廊、门斗、落地橱窗等部件）有保温隔热层时，其保温隔热层也不再计算建筑面积
      - 外墙是斜面者按楼面楼板处的外墙外边线长度乘以保温材料的净厚度计算
      - 外墙外保温以沿高度方向满铺为准，某层外墙外保温铺设高度未达到全部高度时（不包括阳台、室外走廊、门斗、落地橱窗、雨篷、飘窗等），不计算建筑面积
      - 保温隔热层的建筑面积是以保温隔热材料的厚度来计算的，不包含抹灰层、防潮层、保护层（墙）的厚度

六大考点（三）

主体
- **变形缝**
  - 与室内相通的变形缝：按其自然层合并在建筑物建筑面积内计算
  - 与室内不相通的变形缝：不计算建筑面积
  - 注意事项：对于高低联跨的建筑物，变形缝应计算在低跨面积内
- **建筑物内的三层**
  - 怎么算：按其围护结构外围水平面积计算
  - 算多少：结构层高在2.20m及以上计算全面积；结构层高在2.20m以下计算半面积
  - 注意事项：在吊顶空间内设置管道的，则吊顶空间部分不能被视为设备层、管道层

六大考点（四）

外墙
- **落地橱窗**
  - 怎么算：按其围护结构外围水平面积计算
  - 算多少：结构层高在2.20m及以上计算全面积；结构层高在2.20m以下计算半面积
  - 注意事项：
    - 附属在建筑物外墙，属于建筑物的附属结构
    - 必须落地，橱窗下设置有基础
- **凸（飘）窗**
  - 怎么算：按其围护结构外围水平面积计算
  - 算多少：算一半
  - 注意事项：窗台与室内楼地面高差在0.45m以下且结构净高在2.10m及以上才可以计算
- **室外走廊、挑廊、檐廊**
  - 怎么算：按其结构底板水平投影面积计算
  - 算多少：算一半
  - 注意事项：必须有屋檐或挑檐作为顶盖，且有柱或栏杆、栏板等维护构件
- **室外门廊**
  - 怎么算：按其顶板的水平投影面积计算
  - 算多少：算一半
  - 注意事项：底层无围护设施但有柱的室外走廊可参照檐廊的规则计算建筑面积
- **门斗**
  - 怎么算：按其围护结构外围水平面积计算建筑面积
  - 算多少：结构层高在2.20m及以上计算全面积；结构层高在2.20m以下计算半面积
- **雨篷**
  - 有柱雨篷：按其结构板水平投影面积的1/2计算建筑面积
  - 无柱雨篷：结构外边线至外墙结构外边线的宽度在2.10m及以上的，按雨篷结构板水平投影面积的一半计算建筑面积
  - 注意事项：
    - 有柱雨篷，没有出挑宽度的限制，也不受跨越层数的限制，均计算建筑面积
    - 无柱雨篷，其结构板不能跨层，并受出挑宽度的限制，设计出挑宽度大于或等于2.10m时才计算建筑面积
    - 出挑宽度，指雨篷结构外边线至外墙结构外边线的宽度，弧形或异形时取最大宽度
- **室外楼梯**
  - 怎么算：按室外楼梯水平投影面积计算
  - 算多少：算一半
  - 注意事项：
    - 不论是否有顶盖都需要计算建筑面积
    - 层数为室外楼梯所依附的楼层数，即梯段部分投影到建筑物范围的层数
    - 利用室外楼梯下部的建筑空间不得重复计算建筑面积
    - 利用地势砌筑的为室外踏步，不计算建筑面积

第五章 工程计量

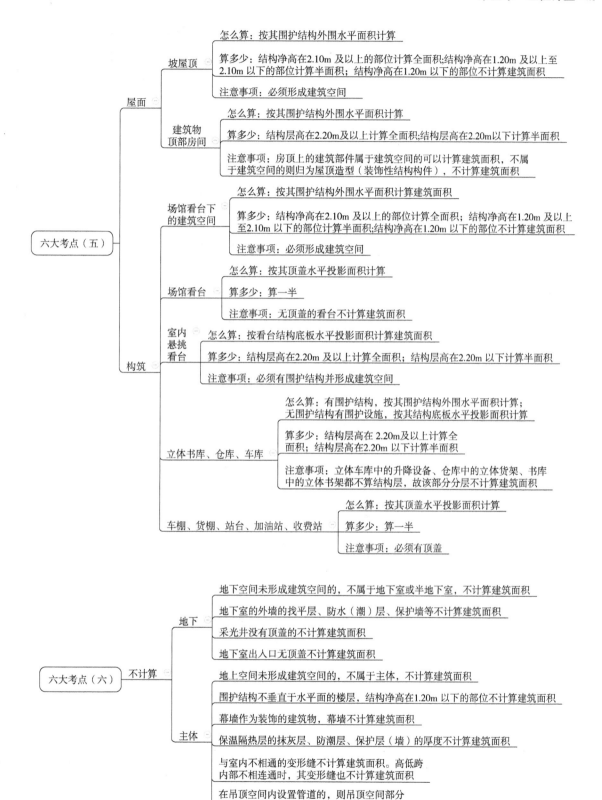

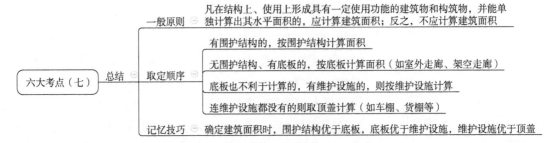

六大考点（六）不计算

屋面
- 形成建筑空间的坡屋顶，结构净高在1.20m以下的部位不计算建筑面积
- 建筑物房顶上不属于建筑空间的归为屋顶造型（装饰性结构构件），不计算建筑面积，例如露台、露天游泳池、花架、屋顶的水箱及装饰性结构构件

突出外墙
- 没有附属在建筑物外墙，不属于建筑物附属结构的橱窗不计算建筑面积
- 窗台与室内地面高差在0.45m以下且结构净高在2.10m以下的凸（飘）窗或窗台，与室内地面高差在0.45m及以上的凸（飘）窗不计算建筑面积
- 室外走廊、挑廊、檐廊和门廊，没有地面结构外或没有栏杆、栏板等围护设施或柱，不计算建筑面积
- 无柱雨篷挑出宽度在2.10m以内和顶盖高度达到或超过两个楼层均不计算建筑面积
- 室外爬梯、室外专用消防钢楼梯不计算建筑面积
- 勒脚、附墙柱、垛、室外台阶、墙面抹灰、装饰面、镶贴块料面层等装饰层不计算建筑面积
- 主体结构外的空调室外机搁板（箱）等构配件不计算建筑面积
- 无围护结构的观光电梯不计算建筑面积

构筑
- 场馆看台下的建筑空间结构净高在1.20m以下的部位不计算建筑面积，无顶盖的看台也不计算建筑面积
- 立体车库中的升降设备、仓库中的立体货架、书库中的立体书架都不算结构层，所以不算建筑面积
- 没有顶盖无围护结构的车棚、货棚、站台、加油站、收费站等不计算建筑面积
- 与建筑物内不相连通的建筑部件不计算建筑面积，例如烟囱、水井
- 骑楼、过街楼底层的开放公共空间和建筑物通道不计算建筑面积
- 舞台及后台悬挂幕布和布景的天桥、挑台等临时搭建造型不计算建筑面积
- 建筑物内的操作平台、上料平台、安装箱和罐体的平台，平台本身不是室内局部楼层，不计算建筑面积
- 建筑物以外的地下人防通道，独立的烟囱、烟道、地沟、油（水）罐、气柜、水塔、贮油（水）池、贮仓、栈桥等构筑物

六大考点（七）总结

一般原则
- 凡在结构上、使用上形成具有一定使用功能的建筑物和构筑物，并能单独计算出其水平面积的，应计算建筑面积；反之，不应计算建筑面积

取定顺序
- 有围护结构的，按围护结构计算面积
- 无围护结构、有底板的，按底板计算面积（如室外走廊、架空走廊）
- 底板也不利于计算的，有维护设施的，则按维护设施计算
- 连维护设施都没有的则取顶盖计算（如车棚、货棚等）

记忆技巧
- 确定建筑面积时，围护结构优于底板，底板优于维护设施，维护设施优于顶盖

经典真题

1. 根据《建筑工程建筑面积计算规范》（GB/T 50353—2013），建筑面积有围护结构的以围护结构外围计算，其围护结构包括围合建筑空间的（　　）。

　　A. 栏杆　　　　B. 栏板　　　　C. 门窗　　　　D. 勒脚

【答案】C

【解析】围护结构：围合建筑空间的墙体、门、窗。

2. 根据《建筑工程建筑面积计算规范》（GB/T 50353—2013），建筑物雨篷部位建筑面积计算正确的为（　　）。

　　A. 有柱雨篷按柱外围面积计算

　　B. 无雨篷不计算

　　C. 有柱雨篷按结构板水平投影面积计算

　　D. 外挑宽度为 1.8m 的无柱雨篷不计算

【答案】D

【解析】有柱雨篷：按其结构板水平投影面积的 1/2 计算建筑面积。无柱雨篷：结构外边线至外墙结构外边线的宽度在 2.10m 及以上的按雨篷结构板水平投影面积的一半计算建筑面积。

3. 根据《建筑工程建筑面积计算规范》（GB/T 50353—2013），建筑物室外楼梯建筑面积计算正确的为（　　）。

　　A. 并入建筑物自然层，按其水平投影面积计算

　　B. 无顶盖的不计算

　　C. 结构净高 <2.10m 的不计算

　　D. 下部建筑空间加以利用的不重复计算

【答案】D

【解析】室外楼梯按室外楼梯水平投影面积计算一半。利用室外楼梯下部的建筑空间不得重复计算建筑面积。利用地势砌筑的为室外踏步，不计算建筑面积。

4. 根据《建筑工程建筑面积计算规范》（GB/T 50353—2013），建筑物与室内连通的变形缝建筑面积计算正确的为（　　）。

　　A. 不计算　　　　　　　　　　　　B. 按自然层计算

　　C. 不论层高只按底层计算　　　　　D. 按变形缝设计尺寸的 1/2 计算

【答案】B

【解析】与室内相通的变形缝：按其自然层合并在建筑物建筑面积内计算。

5. 根据《建筑工程建筑面积计算规范》（GB/T 50353—2013），不计算建筑面积的有（　　）。

　　A. 厚度为 200mm 的勒脚

　　B. 规格为 400mm×400mm 的附墙装饰柱

　　C. 挑出宽度为 2.19m 的雨篷

　　D. 顶盖高度超过 2 个楼层的无柱雨篷

　　E. 突出外墙 200mm 的装饰性幕墙

【答案】ABDE

【解析】无柱雨篷挑出宽度在 2.10m 以内，和顶盖高度达到或超过两个楼层均不计算建

筑面积。勒脚和装饰柱均不计算建筑面积。装饰性幕墙不计算建筑面积。

6. 根据《建筑工程建筑面积计算规范》（GB/T 50353—2013），根据规则计算 1/2 面积的是（　　）。

　　A. 建筑物间有围护结构、有顶盖的架空走廊

　　B. 有围护结构、有围护设施，但无结构层的立体车库

　　C. 有围护设施，顶高 5.2m 的室外走廊

　　D. 结构层高 3.10m 的门斗

【答案】C

【解析】室外走廊按其结构底板水平投影面积计算一半。

7. 根据《建筑工程建筑面积计算规范》（GB/T 50353—2013），幕墙建筑物的建筑面积计算正确的是（　　）。

　　A. 以幕墙立面投影面积计算

　　B. 以主体结构外边线面积计算

　　C. 作为外墙的幕墙按围护外边线计算

　　D. 起装饰作用的幕墙按幕墙横断面的 1/2 计算

【答案】C

【解析】幕墙作为围护结构，按幕墙外边线计算建筑面积；如幕墙作为装饰构件，按结构外边线计算建筑面积。

8. 根据《建筑工程建筑面积计算规范》（GB/T 50353—2013），外挑宽度为 1.8m 的有柱雨篷建筑面积应（　　）。

　　A. 按柱外边线构成的水平投影面积计算

　　B. 不计算

　　C. 按结构板水平投影面积计算

　　D. 按结构板水平投影面积的 1/2 计算

【答案】D

【解析】有柱雨篷：按其结构板水平投影面积的 1/2 计算建筑面积。

9. 根据《建筑工程建筑面积计算规范》（GB/T 50353—2013），室外楼梯建筑面积计算正确的是（　　）。

　　A. 无顶盖、有围护结构的按其水平投影面积的 1/2 计算

　　B. 有顶盖、有围护结构的按其水平投影面积计算

　　C. 层数按建筑物的自然层计算

　　D. 无论有无顶盖和围护结构均不计算

【答案】B

【解析】室外楼梯按室外楼梯水平投影面积计算一半。注意：不论是否有顶盖都需要计算建筑面积。层数为室外楼梯所依附的楼层数，即梯段部分投影到建筑物范围内的层数。

10. 根据《建筑工程建筑面积计算规范》(GB/T 50353—2013)，不计算建筑面积的有（　　）。

　　A. 结构层高 2.0m 的管道层
　　B. 层高为 3.3m 的建筑物通道
　　C. 有顶盖但无围护结构的车棚
　　D. 建筑物顶部有围护结构，层高 2.0m 的水箱间
　　E. 有围护结构的专用消防钢楼梯

【答案】BE

【解析】建筑物内的三层结构层高在 2.20m 及以上计算全面积；结构层高在 2.20m 以下计算半面积。层高为 3.3m 的建筑物通道没有说明白是建筑物内还是外谨慎不选。车棚按其顶盖水平投影面积计算一半。建筑物顶部水箱间结构层高在 2.20m 及以上计算全面积；结构层高在 2.20m 以下计算半面积；本题 D 不属于建筑空间，属于造型，不计面积。专用消防钢楼梯不计算建筑面积。

11. 根据《建筑工程建筑面积计算规范》(GB/T 50353—2013)，有顶盖无围护结构的场馆看台部分（　　）。

　　A. 不予计算
　　B. 按其结构底板水平投影面积计算
　　C. 按其顶盖的水平投影面积 1/2 计算
　　D. 按其顶盖水平投影面积计算

【答案】C

【解析】场馆看台按其顶盖水平投影面积计算一半。

12. 根据《建筑工程建筑面积计算规范》(GB/T 50353—2013)，主体结构内的阳台其建筑面积应（　　）。

　　A. 是按其结构外围水平面积 1/2 计算　　B. 按其结构外围水平面积计算
　　C. 按其结构地板水平面积 1/2 计算　　D. 按其结构底板水平面积计算

【答案】B

【解析】主体结构内的阳台：按其结构外围水平面积计算全面积。主体结构外的阳台：按其结构底板水平投影面积计算半面积。

13. 根据《建筑工程建筑面积计算规范》(GB/T 50353—2013)，不计算建筑面积的有（　　）。

　　A. 结构层高为 2.10m 的门斗　　B. 建筑物内的大型上料平台
　　C. 无围护结构的观光电梯　　D. 有围护结构的舞台灯光控制室
　　E. 过街楼底层的开放公共空间

【答案】BCE

【解析】门斗和舞台灯光控制室结构层高在 2.20m 及以上计算全面积；结构层高在

2.20m以下计算半面积。建筑物内的操作平台、上料平台、安装箱和罐体的平台，平台本身不是室内局部楼层，不计算建筑面积。骑楼、过街楼底层的开放公共空间和建筑物通道不计算建筑面积。

14. 根据《建筑工程建筑面积计算规范》（GB/T 50353—2013），形成建筑空间结构净高2.18m部位的坡屋顶，其建筑面积（　　）。

　　A. 不予计算　　　　　　　　　B. 按1/2 面积计算
　　C. 按全面积计算　　　　　　　D. 根据使用性质确定

【答案】C

【解析】坡屋顶结构净高在2.10m及以上的部位计算全面积；结构净高在1.20m及以上至2.10m以下的部位计算半面积；结构净高在1.20m以下的部位不计算建筑面积。

15. 根据《建筑工程建筑面积计算规范》（GB/T 50353—2013），建筑物间有两侧护栏的架空走廊，其建筑面积（　　）。

　　A. 按护栏外围水平面积的1/2 计算
　　B. 按结构底板水平投影面积的1/2 计算
　　C. 按护栏外围水平面积计算全面积
　　D. 按结构底板水平投影面积计算全面积

【答案】B

【解析】架空走廊无围护结构有围护设施：按其结构底板水平投影面积计算半面积。

第三节　工程量计算规则与方法

一、框架体系

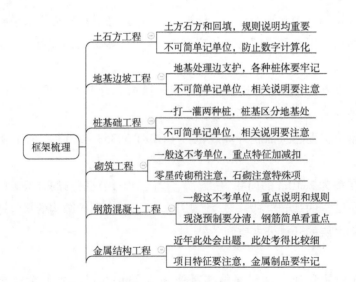

```
                   ┌─ 木结构工程 ─── 每年最多一个题,单位说明加减扣
                   │
                   │              ┌─ 历年真题此处偏,常规不考考特殊
                   ├─ 门窗工程 ───┤
                   │              └─ 特殊项目又很多,实在太偏就算了
                   │
                   │              ┌─ 不可简单记单位,相关说明要注意
                   ├─ 防水工程 ───┤
                   │              └─ 加减扣除是重点,相关说明要注意
                   │
      ┌─────────┐  ├─ 保温、隔热、防腐工程 ── 此处出题考细节,地面不加墙面加
      │ 框架梳理├──┤
      └─────────┘  │                      ┌─ 三大考点混合考,两大原则要牢记
                   ├─ 地墙顶装饰工程 ─────┤
                   │                      └─ 零星细节要注意,单位不重规则重
                   │
                   ├─ 油漆、涂料、裱糊工程 ── 不是每年都出题,出题也是常规点
                   │
                   │                      ┌─ 不是每年都出题,出题也是常规点
                   ├─ 其他装饰和拆除工程 ─┤
                   │                      └─ 拆除工程两沉浮,一大原则要牢记
                   │
                   │              ┌─ 历年出题是重点,常规细节都会考
                   └─ 措施项目 ───┤
                                  └─ 单价措施记规则,总价措施记分类
```

二、考情分析

考点	2016 单	2016 多	2017 单	2017 多	2018 单	2018 多	2019 单	2019 多	2020 单	2020 多	2021 单	2021 多
土石方工程	4	0	1	1	1	0	2	0	1	1	1	0
地基处理与边坡支护工程	1	0	1	0	1	0	0	0	1	0	1	0
桩基础工程	0	0	1	0	1	0	1	0	1	0	0	0
砌筑工程	1	0	3	0	1	0	1	0	3	0	1	1
混凝土及钢筋混凝土工程	4	0	5	1	2	0	4	1	6	0	1	1
金属结构工程	1	0	1	0	2	0	3	0	0	0	0	0
木结构工程	0	0	0	0	1	0	1	0	0	0	0	0
门窗工程	1	0	0	0	1	0	2	0	1	0	0	1
屋面及防水工程	1	0	1	0	1	1	0	1	1	1	1	0
保温、隔热、防腐工程	0	0	0	0	0	0	0	0	1	0	1	0
地墙顶装饰工程	1	1	0	0	2	1	0	0	3	1	3	0
油漆、涂料、裱糊工程	1	0	0	0	0	0	0	0	0	0	1	0
其他装饰工程	0	0	0	0	0	0	0	0	0	0	0	0
拆除工程	0	0	0	0	0	0	1	0	0	0	0	0
措施项目	0	1	0	1	0	1	0	0	0	1	2	0

三、考点详解

考点一、土石方工程

土石方工程（一）

- **土方工程**
  - **计算规则**
    - 平整场地：按设计图示尺寸以建筑物首层建筑面积"m²"计算。项目特征包括描述：土壤类别、弃土运距、取土运距
    - 挖一般土方：按设计图示尺寸以体积"m³"计算。挖土方平均厚度应按自然地面测量标高至设计地坪标高间的平均厚度确定。项目特征描述：土壤类别、挖土深度、弃土运距
    - 挖沟槽（基坑）土方：按设计图示尺寸以基础垫层底面积乘以挖土深度按体积"m³"计算。基础土方开挖深度应按基础垫层底表面标高至交付施工场地标高确定，无交付施工场地标高时，应按自然地面标高确定。项目特征描述：土壤类别、挖土深度、弃土运距
    - 冻土开挖：按设计图示尺寸开挖面积乘以厚度以体积"m³"计算
    - 挖淤泥、流沙：按设计图示位置、界限以体积"m³"计算
    - 管沟土方：以"m"计量，按设计图示以管道中心线长度计算；以"m³"计量，按设计图示管底垫层面积乘以挖土深度计算。无管底垫层按管外径的水平投影面积乘以挖土深度计算。不扣除各类井的长度，井的土方并入
  - **相关说明**
    - 建筑物场地厚度≤±300mm的挖、填、运、找平，应按平整场地项目编码列项。厚度>±300mm的竖向布置挖土或山坡切土应按一般土方项目编码列项
    - 沟槽、基坑、一般土方的划分为：底宽≤7m，底长>3倍底宽为沟槽；底长≤3倍底宽、底面积≤150m²为基坑；超出上述范围则为一般土方
    - 土方体积应按挖掘前的天然密实体积计算，如需体积折算：天然密实度体积为1，虚方体积为1.3
    - 桩间挖土不扣除桩的体积，并在项目特征中加以描述
    - 计算放坡时，在交接处的重复工程量不予扣除，原槽、坑作基础垫层时，放坡自垫层上表面开始计算

土石方工程（二）

- **石方工程**
  - **计算规则**
    - 挖一般石方：按设计图示尺寸以体积"m³"计算
    - 挖沟槽（基坑）石方：按设计图示尺寸沟槽（基坑）底面积乘以挖石深度以体积"m³"计算
    - 管沟石方：以"m"计量，按设计图示以管道中心线长度计算；以"m³"计量，按设计图示截面积乘以长度以体积计算
  - **相关说明**
    - 有管沟设计时，平均深度以沟垫层底面标高至交付施工场地标高计算；无管沟设计时，直埋管深度应按管底外表面标高至交付施工场地标高的平均高度计算
    - 石方体积应按挖掘前的天然密实体积计算，如需体积折算：天然密实度体积为1，虚方体积为1.54
- **回填**
  - **计算规则**
    - 回填方：按设计图示尺寸以体积"m³"计算，项目特征描述：密实度要求、填方材料品种、填方粒径要求、填方来源及运距
    - 回填三分类
      - 场地回填：回填面积乘以平均回填厚度
      - 室内回填：主墙间净面积乘以回填厚度，不扣除间隔墙
      - 基础回填：挖方清单项目工程量减去自然地坪以下埋设的基础体积（包括基础垫层及其他构筑物）
    - 余方弃置：按挖方清单项目工程量减利用回填方体积（正数）"m³"计算。项目特征包括废弃料种、运距（由余方点装料运输至弃置点的距离）
  - **相关说明**
    - 填方密实度要求，在无特殊要求情况下，项目特征可描述为满足设计和规范的要求
    - 如需买土回填应在项目特征填方来源中描述，并注明买土方数量
- **记忆口诀**
  - 土方都按立方米，是沟再加长度米
  - 平整场地平方米，算不清的暂估量

第五章 工程计量

经典真题

1. 根据《房屋建筑与装饰工程工程量计算规范》(GB 50854—2013)，土方工程工程量计算正确的有（ ）。

   A. 建筑场地厚度≤±300mm 的挖、填、运、找平，均按平整场地计算
   B. 设计底宽≤7m，底长>3 倍底宽的土方开挖，均按挖沟槽土方计算
   C. 设计底宽>7m，底长>3 倍底宽的土方开挖，按一般的土方计算
   D. 设计底宽>7m，底长<3 倍底宽的土方开挖，按桩基坑土方计算
   E. 土方工程量均按设计尺寸以体积计算

   【答案】AB

   【解析】沟槽、基坑、一般土方的划分为：底宽≤7m，底长>3 倍底宽为沟槽；底长≤3 倍底宽、底面积≤150m² 为基坑；超出上述范围则为一般土方。

2. 某建筑物砂土场地，设计开挖面积为 20m×7m，自然地面标高为 -0.200m，设计室外地坪高为 -0.300m，设计开挖底面标高为 -1.200m。根据《房屋建筑与装饰工程工程量计算规范》(GB 50854—2013)，土方工程清单工程量计算应（ ）。

   A. 执行挖一般土方项目，工程量为 140m³
   B. 执行挖一般土方项目，工程量为 126m³
   C. 执行挖基坑土方项目，工程量为 140m³
   D. 执行挖基坑土方项目，工程量为 126m³

   【答案】C

   【解析】20×7×(1.2-0.2)=140m³。

3. 某较为平整的软岩施工场地，设计长度为 30m，宽为 10m，开挖深度为 0.8m。根据《房屋建筑与装饰工程工程量计算规范》(GB 5084—2013)，开挖石方清单工程量为（ ）。

   A. 沟槽石方工程量 300m³　　　　B. 基坑石方工程量 240m³
   C. 管沟石方工程量 30m　　　　　D. 一般石方工程量 240m³

   【答案】D

   【解析】30×10×0.8=240m³。

4. 根据《房屋建筑与装饰工程工程量计算规范》(GB 50854—2013)，石方工程量计算正确的是（ ）。

   A. 挖基坑石方按设计图示尺寸基础底面面积乘以埋置深度以体积计算
   B. 挖沟槽石方按设计图示以沟槽中心线长度计算
   C. 挖一般石方按设计图示开挖范围的水平投影面积计算
   D. 挖管沟石方按设计图示以管道中心线长度计算

   【答案】D

   【解析】挖一般土方：按设计图示尺寸以体积"m³"计算。挖沟槽（基坑）土方：按

设计图示尺寸以基础垫层底面积乘以挖土深度按体积"m³"计算。挖一般石方：按设计图示尺寸以体积"m³"计算。管沟石方：以"m"计量，按设计图示以管道中心线长度计算；以"m³"计量，按设计图示截面面积乘以长度以体积计算。

5. 根据《房屋建筑与装饰工程工程量计算规范》（GB 50854—2013），某建筑物场地土方工程，设计基础长 27m，宽为 8m，周边开挖深度均为 2m，实际开挖后场内堆土量为 570m³，则土方工程量为（　　）。

　　A. 平整场地 216m³ 　　　　　　B. 沟槽土方 655m³
　　C. 基坑土方 528m³ 　　　　　　D. 一般土方 438m³

【答案】D

【解析】570÷1.3 = 438m³。

6. 根据《房屋建筑与装饰工程工程量计算规范》（GB 50854—2013），石方工程量计算正确的有（　　）。

　　A. 挖一般石方按设计图示尺寸以建筑物首层面积计算
　　B. 挖沟槽石方按沟槽设计底面积乘以挖石深度以体积计算
　　C. 挖基坑石方按基坑底面积乘以自然地面测量标高至设计地坪标高的平均厚度以体积计算
　　D. 挖管沟石方按设计图示以管道中心线长度以米计算
　　E. 挖管沟石方按设计图示截面积乘以长度以体积计算

【答案】BDE

【解析】挖一般石方：按设计图示尺寸以体积"m³"计算。挖沟槽（基坑）石方：按设计图示尺寸沟槽（基坑）底面积乘以挖石深度以体积"m³"计算。管沟石方：以"m"计量，按设计图示以管道中心线长度计算；以"m³"计量，按设计图示截面面积乘以长度以体积计算。

7. 根据《房屋建筑与装饰工程工程量计算规范》（GB 50854—2013），在三类土中挖基坑不放坡的坑深可达（　　）。

　　A. 1.2m　　　B. 1.3m　　　C. 1.5m　　　D. 2.0m

【答案】C

【解析】三类土放坡起点是 1.5m。

8. 根据《房屋建筑与装饰工程工程量计算规范》（GB 50854—2013），关于土石方回填工程量计算，说法正确的是（　　）。

　　A. 回填土方项目特征应包括填方来源及运距 　　B. 室内回填应扣除间隔墙所占体积
　　C. 场地回填按设计回填尺寸以面积计算 　　　　D. 基础回填不扣除基础垫层所占面积

【答案】A

【解析】回填方：按设计图示尺寸以体积"m³"计算。场地回填：回填面积乘以平均回填厚度。室内回填：主墙间净面积乘以回填厚度，不扣除间隔墙。基础回填：挖方清单项目工程量减去自然地坪以下埋设的基础体积（包括基础垫层及其他构筑物）。

考点二、地基处理与边坡支护工程

地基边坡工程（一）

- **地基处理**
  - **计算规则**
    - 换填垫层：按设计图示尺寸以体积"m³"计算
    - 铺设土工合成材料：按设计图示尺寸以面积"m²"计算
    - 预压地基、强夯地基、振冲密实（不填料）：按设计图示处理范围以面积"m²"计算
    - 振冲桩（填料）：以"m"计量，按设计图示尺寸以桩长计算；以"m³"计量，按设计桩截面乘以桩长以体积计算
    - 砂石桩：以"m"计量，按设计图示尺寸以桩长（包括桩尖）计算；以"m³"计量，按设计桩截面乘以桩长（包括桩尖）以体积计算
    - 水泥粉煤灰碎石桩、夯实水泥土桩、石灰桩、灰土（土）挤密桩：按设计图示尺寸以桩长（包括桩尖）"m"计算
    - 深层搅拌桩、粉喷桩、柱锤冲扩桩，高压喷射注浆桩：按设计图示尺寸以桩长"m"计算
    - 注浆地基：以"m"计量，按设计图示尺寸以钻孔深度计算；以"m³"计量，按设计图示尺寸以加固体积计算
    - 褥垫层：以"m²"计量，按设计图示尺寸以铺设面积计算；以"m³"计量，按设计图示尺寸以体积计算
  - **相关说明**
    - 项目特征中的桩长应包括桩尖，空桩长度=孔深-桩长，孔深为自然地面至设计桩底的深度
    - 泥浆护壁成孔，工作内容包括土方、废泥浆外运；采用沉管灌注成孔，工作内容包括桩尖制作、安装

地基边坡工程（二）

- **坑坡支护**
  - **计算规则**
    - 地下连续墙：按设计图示墙中心线长乘以厚度乘以槽深以体积"m³"计算
    - 咬合灌注桩：以"m"计量，按设计图示尺寸以桩长计算；以"根"计量，按设计图示数量计算
    - 圆木桩、预制钢筋混凝土板桩：以"m"计量，按设计图示尺寸以桩长（包括桩尖）计算；以"根"计量，按设计图示数量计算
    - 型钢桩：以"t"计量，按设计图示尺寸以质量计算；以"根"计量，按设计图示数量计算
    - 钢板桩：以"t"计量，按设计图示尺寸以质量计算；以"m²"计量，按设计图示墙中心线长乘以桩长以面积计算
    - 锚杆（锚索）、土钉：以"m"计量，按设计图示尺寸以钻孔深度计算；以"根"计量，按设计图示数量计算
    - 喷射混凝土（水泥砂浆）：按设计图示尺寸以面积"m²"计算
    - 钢筋混凝土支撑：按设计图示尺寸以体积"m³"计算
    - 钢支撑：按设计图示尺寸以质量"t"计算，不扣除孔眼质量，焊条、铆钉、螺栓等不另增加质量
  - **相关说明**
    - 在清单列项时要正确区分锚杆项目和土钉项目
    - 混凝土种类：清水、彩色，预拌（商品），现场搅拌
    - 基坑与边坡支护的排桩按"桩基工程"中相关项目列项
    - 水泥土墙、坑内加固按"地基处理"中相关项目列项
    - 砖、石挡土墙、护坡按"砌筑工程"中相关项目列项
    - 混凝土挡土墙按混凝土及钢筋混凝土工程中相关项目列项
- **记忆口诀**
  - 里面填料立方米，土工布是平方米
  - 地基平处平方米，注浆地基米和体
  - 永久实体立方米，砼撑也是立方米
  - 基桩都能按桩长，不填泥灰加立米
  - 直接浇打米和根，喷面锚钉米和根
  - 是钢都能质量吨，型钢加根，钢板加面，支撑只能吨

经典真题

1. 根据《房屋建筑与装饰工程工程量计算规范》（GB 50854—2013），地基处理的换填垫层项目特征中，应说明材料种类及配比、压实系数和（　　）。

    A. 基坑深度
    B. 基底土分类
    C. 边坡支护形式
    D. 掺加剂品种

【答案】D

【解析】项目特征重价值。

2. 根据《房屋建筑与装饰工程工程量计算规范》（GB 50854—2013），地下连续墙项目工程量计算，说法正确的为（　　）。

    A. 工程量按设计图示围护结构展开面积计算
    B. 工程量按连续墙中心线长度乘以高度以面积计算
    C. 钢筋网的制作及安装不另计算
    D. 工程量按设计图示墙中心线长乘以厚度乘以槽深以体积计算

【答案】D

【解析】地下连续墙：按设计图示墙中心线长乘以厚度乘以槽深以体积"m^3"计算。钢筋网的制作及安装按混凝土及钢筋混凝土工程列项。

3. 根据《房屋建筑与装饰工程工程量计算规范》（GB 50854—2013），基坑支护的锚杆的工程量应（　　）。

    A. 按设计图示尺寸以支护体积计算
    B. 按设计图示尺寸以支护面积计算
    C. 按设计图示尺寸以钻孔深度计算
    D. 按设计图示尺寸以质量计算

【答案】C

【解析】锚杆（锚索）、土钉：以"m"计量，按设计图示尺寸以钻孔深度计算；以"根"计量，按设计图示数量计算。

4. 根据《房屋建筑与装饰工程工程量计算规范》（GB 50854—2013），地基处理工程量计算正确的是（　　）。

    A. 换填垫层按设计图示尺寸以体积计算
    B. 强夯地基按设计图示处理范围乘以处理深度以体积计算
    C. 填料振冲桩以填料体积计算
    D. 水泥粉煤碎石桩按设计图示尺寸以体积计算

【答案】A

【解析】强夯地基：按设计图示处理范围以面积"m^2"计算。振冲桩（填料）：以"m"计量，按设计图示尺寸以桩长计算；以"m^3"计量，按设计桩截面面积乘以桩长以体积计算。水泥粉煤灰碎石桩：按设计图示尺寸以桩长（包括桩尖）"m"计算。

5. 根据《房屋建筑与装饰工程工程量计算规范》（GB 50854—2013），关于地基处理，说法正确的是（　　）。

　　A. 铺设土工合成材料按设计长度计算

　　B. 强夯地基按设计图示处理范围乘以深度以体积计算

　　C. 填料振冲桩按设计图示尺寸以体积计算

　　D. 砂石桩按设计数量以根计算

【答案】C

【解析】铺设土工合成材料：按设计图示尺寸以面积"m^2"计算。强夯地基：按设计图示处理范围以面积"m^2"计算。砂石桩：以"m"计量，按设计图示尺寸以桩长（包括桩尖）计算；以"m^3"计量，按设计桩截面面积乘以桩长（包括桩尖）以体积计算。

6. 对某建筑地基设计要求强夯处理，处理范围为40.0m×56.0m，需要铺设400mm厚土工合成材料，并进行机械压实，根据《房屋建筑与装饰工程工程量计算规范》（GB 50854—2013）规定，正确的项目列项或工程量计算是（　　）。

　　A. 铺设土工合成材料的工程量为896m^3

　　B. 铺设土工合成材料的工程量为2240m^2

　　C. 强夯地基工程量按一般土方项目列项

　　D. 强夯地基工程量为896m^3

【答案】B

【解析】铺设土工合成材料：按设计图示尺寸以面积"m^2"计算。40×56=2240m^2。

7. 根据《房屋建筑与装饰工程工程量计算规范》（GB 50854—2013）规定，关于地基处理工程量计算正确的是（　　）。

　　A. 振冲桩（填料）按设计图示处理范围以面积计算

　　B. 砂石桩按设计图示尺寸以桩长（不包括桩尖）计算

　　C. 水泥粉煤灰碎石桩按设计图示尺寸以体积计算

　　D. 深层搅拌桩按设计图示尺寸以桩长计算

【答案】D

【解析】振冲桩（填料）：以"m"计量，按设计图示尺寸以桩长计算；以"m^3"计量，按设计桩截面乘以桩长以体积计算。砂石桩：以"m"计量，按设计图示尺寸以桩长（包括桩尖）计算；以"m^3"计量，按设计桩截面面积乘以桩长（包括桩尖）以体积计算。水泥粉煤灰碎石桩：按设计图示尺寸以桩长（包括桩尖）"m"计算。

8. 根据《房屋建筑与装饰工程工程量计算规范》（GB 50854—2013）规定，关于基坑支护工程量计算正确的是（　　）。

　　A. 地下连续墙按设计图示墙中心线长度以m计算

　　B. 预制钢筋混凝土板桩按设计图示数量以根计算

　　C. 钢板桩按设计图示数量以根计算

　　D. 喷射混凝土按设计图示面积乘以喷层厚度以体积计算

【答案】B

【解析】地下连续墙：按设计图示墙中心线长乘以厚度乘以槽深以体积"m³"计算。钢板桩：以"t"计量，按设计图示尺寸以质量计算；以"m²"计量，按设计图示墙中心线长乘以桩长以面积计算。喷射混凝土（水泥砂浆）：按设计图示尺寸以面积"m²"计算。

考点三、桩基础工程

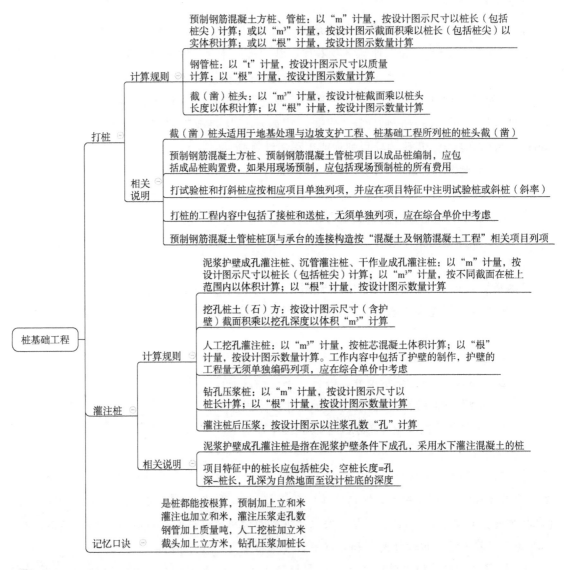

经典真题

1. 根据《房屋建筑与装饰工程工程量计算规范》（GB 50854—2013），打桩项目工作内容应包括（　　）。

A. 送桩 B. 承载力检测

C. 桩身完整性检测 D. 截（凿）桩头

【答案】A

【解析】打试验桩和打斜桩应按相应项目单独列项,并应在项目特征中注明试验桩或斜桩（斜率）。

2. 根据《房屋建筑与装饰工程工程量计算规范》（GB 50854—2013），打预制钢筋混凝土方桩清单工程量计算正确的是（　　）。

　　A. 打桩按打入实体长度（不包括桩尖）计算，以"m"计量

　　B. 截桩头按设计桩截面乘以桩头长度以体积计算，以"m^3"计量

　　C. 接桩按接头数量计算，以"个"计量

　　D. 送桩按送入长度计算，以"m"计量

【答案】B

【解析】预制钢筋混凝土方桩、管桩：以"m"计量，按设计图示尺寸以桩长（包括桩尖）计算；或以"m^3"计量，按设计图示截面面积乘以桩长（包括桩尖）以实体积计算；或以"根"计量，按设计图示数量计算。

3. 根据《房屋建筑与装饰工程工程量计算规范》（GB 50854—2013），钻孔压浆桩的工程量应（　　）。

　　A. 按设计图示尺寸以桩长计算

　　B. 按设计图示以注浆体积计算

　　C. 以钻孔深度（含空钻长度）计算

　　D. 按设计图示尺寸以体积计算

【答案】A

【解析】钻孔压浆桩：以"m"计量，按设计图示尺寸以桩长计算；以"根"计量，按设计图示数量计算。

4. 根据《房屋建筑与装饰工程工程量计算规范》（GB 50854—2013），打桩工程量计算正确的是（　　）。

　　A. 打预制钢筋混凝土方桩，按设计图示尺寸桩长以米计算，送桩工程量另计

　　B. 打预制钢筋混凝土管桩，按设计图示数量以根计算，截桩头工程量另计

　　C. 钢管桩按设计图示截面面积乘以桩长，以实体积计算

　　D. 钢板桩按不同板幅以设计长度计算

【答案】B

【解析】打桩的工程内容中包括了接桩和送桩。钢管桩：以"t"计量，按设计图示尺寸以质量计算；以"根"计量，按设计图示数量计算。钢板桩：以"t"计量，按设计图示尺寸以质量计算；以"m^2"计量，按设计图示墙中心线长乘以桩长以面积计算。

考点四、砌筑工程

砌筑工程（一） — 砖砌体 — 计算规则:

- **砖基础**
  - 工程量按设计图示尺寸以"m³"计算
  - 扣除：地梁（圈梁）、构造柱所占体积
  - 不扣除：基础大放脚T形接头处的重叠部分及嵌入基础内的钢筋、铁件、管道、基础砂浆防潮层和单个面积≤0.3m²的孔洞所占体积
  - 增加：附墙垛基础宽出部分体积
  - 不增加：靠墙暖气沟的挑檐

- **砖墙**
  - 按设计图示尺寸以体积"m³"计算
  - 扣除：门窗、洞口、嵌入墙内的钢筋混凝土柱、梁、圈梁、挑梁、过梁及凹进墙内的壁龛、管槽、暖气槽、消火栓箱所占体积
  - 不扣除：梁头、板头、檩头、垫木、木楞头、沿缘木、木砖、门窗走头、砖墙内加固钢筋、木筋、铁件、钢管及单个面积≤0.3m²的孔洞所占的体积
  - 增加：凸出墙面的砖垛体积
  - 不增加：凸出墙面的腰线、挑檐、压顶、窗台线、虎头砖、门窗套的体积

- **空斗墙**：按设计图示尺寸以空斗墙外形体积"m³"计算。墙角、内外墙交接处、门窗洞口立边、窗台砖、屋檐处的实砌部分体积并入空斗墙体积内

- **空花墙**：按设计图示尺寸以空花部分外形体积"m³"计算，不扣除空洞部分体积

- **填充墙**：按设计图示尺寸以填充墙外形体积"m³"计算。项目特征需要描述填充材料种类及厚度

- **实心、多孔砖柱**：按设计图示尺寸以体积"m³"计算。扣除混凝土及钢筋混凝土梁垫、梁头、板头所占体积

- **砖检查井**：按设计图示数量"座"计算

- **砖散水、地坪**：按设计图示尺寸以面积"m²"计算

- **砖地沟、明沟**：按设计图示以中心线长度"m"计算

- **砖砌挖孔桩护壁**：按设计图示尺寸以体积"m³"计算

- **零星砌砖**：以"m³"计量，按设计图示尺寸截面积乘以长度计算；以"m²"计量，按设计图示尺寸水平投影面积计算；以"m"计量，按设计图示尺寸长度计算；以个计量，按设计图示数量计算

- **砖砌锅台与炉灶**：按外形尺寸以"个"计算

- **砖砌台阶**：按水平投影面积以"m²"计算

- **小便槽、地垄墙**：按长度计算，其他工程以"m³"计算

砌筑工程（二） — 砖砌体 — 相关说明:

- **基础与墙（柱）身的划分**
  - 基础与墙（柱）身使用同一种材料时，以设计室内地面为界（有地下室者，以地下室室内设计地面为界），以下为基础，以上为墙（柱）身
  - 基础与墙身使用不同材料时，位于设计室内地面高度小于或等于±300mm时，以不同材料为分界线，高度大于±300mm时，以设计室内地面为分界线

- 砖围墙应以设计室外坪为界，以下为基础，以上为墙身
- 砖基础长度的确定：外墙基础按外墙中心线，内墙基础按内墙净长线计算
- 砖基础项目适用于各种类型砖基础：柱基础、墙基础、管道基础等
- 框架间墙工程量计算不分内外墙按墙体净尺寸以体积计算

第五章 工程计量

砌筑工程（二）

砖砌体

相关说明

- 围墙的高度算至压顶上表面（如有混凝土压顶时算至压顶下表面），围墙柱并入围墙体积内计算
- 墙长度的确定：外墙按中心线，内墙按净长线计算
- 墙高度的确定
  - 外墙：斜（坡）屋面无檐口天棚者算至屋面板底；有屋架且室内外均有天棚者算至屋架下弦底另加200mm，无天棚者算至屋架下弦底另加300mm，出檐宽度超过600mm时按实砌高度计算；有钢筋混凝土楼板隔层者算至板顶。平屋顶算至钢筋混凝土板底
  - 内墙：位于屋架下弦者，算至屋架下弦底；无屋架者算至天棚底另加100mm；有钢筋混凝土楼板隔层者算至楼板顶；有框架梁时算至梁底
  - 女儿墙：从屋面板上表面算至女儿墙顶面（如有混凝土压顶时算至压顶下表面）
  - 内、外山墙：按其平均高度计算
- 空花墙项目适用于各种类型的空花墙，使用混凝土花格砌筑的空花墙，实砌墙体与混凝土花格应分别计算，混凝土花格按混凝土及钢筋混凝土中预制构件相关项目编码列项
- 框架外表面的镶贴砖部分，按零星项目编码列项
- 空斗墙的窗间墙、窗台下、楼板下、梁头下等的实砌部分，按零星砌砖项目编码列项
- 台阶、台阶挡墙、梯带、锅台、炉灶、蹲台、池槽、池槽腿、砖胎模、花台、花池、楼梯栏板、阳台栏板、地垄墙、≤0.3m²的孔洞填塞等，应按零星砌砖项目编码列项
- 砖砌体勾缝按墙面抹灰中"墙面勾缝"项目编码列项，实心砖墙、多孔砖墙、空心砖墙等项目工作内容中不包括勾缝，包括刮缝

砌筑工程（三）

砌块砌体

计算规则
- 砌块墙同实心砖墙的工程量计算规则
- 砌块柱：按设计图示尺寸以体积"m³"计算，扣除混凝土及钢筋混凝土梁垫、梁头、板头所占体积

相关说明
- 砌体内加筋、墙体拉结的制作、安装，应按"混凝土及钢筋混凝土工程"中相关项目编码列项
- 钢筋网片按混凝土及钢筋混凝土工程中相应编码列项
- 砌块砌体中工作内容包括了勾缝
- 砌体垂直灰缝宽>30mm时，采用C20细石混凝土灌实。灌注的混凝土应按"混凝土及钢筋混凝土工程"相关项目编码列项

石砌体

计算规则
- 石基础
  - 按设计图示尺寸以体积"m³"计算
  - 不扣除：基础砂浆防潮层及单个面积≤0.3m²的孔洞所占体积
  - 增加：附墙垛基础宽出部分体积
  - 不增加：靠墙暖气沟的挑檐体积
- 石勒脚：按设计图示尺寸以体积"m³"计算，扣除单个面积>0.3m²的孔洞所占体积
- 石挡土墙（石梯膀）：按设计图示尺寸以体积"m³"计算
- 石栏杆：按设计图示以长度"m"计算
- 石护坡：按设计图示尺寸以体积"m³"计算
- 石台阶：按设计图示尺寸以体积"m³"计算。石台阶项目包括石梯带（垂带），不包括石梯膀
- 石坡道：按设计图示尺寸以水平投影面积"m²"计算
- 石地沟、明沟：设计图示以中心线长度"m"计算

相关说明
- 石基础、石勒脚、石墙的划分
  - 基础与勒脚应以设计室外地坪为界
  - 勒脚与墙身应以设计室内地面为界
  - 石围墙内外地坪标高不同时，应以较低地坪标高为界，以下为基础；内外标高之差为挡土墙时，挡土墙以上为墙身
- 石砌体中工作内容包括了勾缝

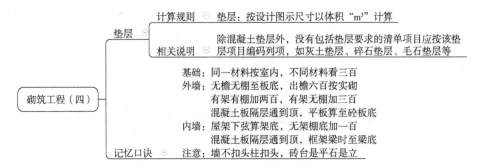

经典真题

1. 根据《房屋建筑与装饰工程工程量计算规范》（GB 50854—2013），建筑基础与墙体均为砖砌体，且有地下室，则基础与墙体的划分界限为（　　）。

   A. 室内地坪设计标高
   B. 室外地面设计标高
   C. 地下室地面设计标高
   D. 自然地面标高

【答案】C

【解析】基础墙体室内分（地下室除外）。

2. 根据《房屋建筑与装饰工程工程量计算规范》（GB 50854—2013），石砌体工程量计算正确的为（　　）。

   A. 石台阶项目包括石梯带和石梯膀
   B. 石坡道按设计图示尺寸以水平投影面积计算
   C. 石坡道按设计图示尺寸以垂直投影面积计算
   D. 石挡土墙按设计图示尺寸以挡土面积计算

【答案】B

【解析】石台阶：按设计图示尺寸以体积"m^3"计算。石台阶项目包括石梯带（垂带），不包括石梯膀。石护坡：按设计图示尺寸以体积"m^3"计算。石挡土墙（石梯膀）：按设计图示尺寸以体积"m^3"计算。

3. 根据《房屋建筑与装饰工程工程量计算规范》（GB 5084—2013），砌块墙清单工程量计算正确的是（　　）。

   A. 墙体内拉结筋不另列项计算
   B. 压砌钢筋网片不另列项计算
   C. 勾缝应列入工作内容
   D. 垂直灰缝灌细石混凝土工程量不另列项计算

【答案】C

【解析】墙体内拉结筋和压砌钢筋网片按混凝土及钢筋混凝土项目列项。砌体垂直灰缝宽>30mm时，采用C20细石混凝土灌实。灌注的混凝土应按"混凝土及钢筋混凝土工程"相关项目编码列项。

4. 根据《房屋建筑与装饰工程工程量计算规范》(GB 50854—2013), 砌筑工程量计算正确的是（ ）。

　　A. 砖地沟按设计图示尺寸以水平投影面积计算

　　B. 砖地坪按设计图示尺寸以体积计算

　　C. 石挡土墙按设计图示尺寸以面积计算

　　D. 石坡道按设计图示尺寸以面积计算

【答案】D

【解析】砖地坪：按设计图示尺寸以面积"m^2"计算。砖地沟：按设计图示以中心线长度"m"计算。石坡道：按设计图示尺寸以水平投影面积"m^2"计算。

5. 根据《房屋建筑与装饰工程工程量计算规范》(GB 50854—2013), 砖基础工程量计算正确的是（ ）。

　　A. 外墙基础断面积（含大放脚）乘以外墙中心线长度以体积计算

　　B. 内墙基础断面积（大放脚部分扣除）乘以内墙净长线以体积计算

　　C. 地圈梁部分体积并入基础计算

　　D. 靠墙暖气沟挑檐体积并入基础计算

【答案】A

【解析】砖基础工程量按设计图示尺寸以"m^3"计算。扣除：地梁（圈梁）、构造柱所占体积。不扣除：基础大放脚T形接头处的重叠部分及嵌入基础内的钢筋、铁件、管道、基础砂浆防潮层和单个面积≤$0.3m^2$的孔洞所占体积。增加：附墙垛基础宽出部分体积。不增加：靠墙暖气沟的挑檐。

6. 根据《房屋建筑与装饰工程工程量计算规范》(GB 50854—2013), 实心砖墙工程量计算正确的是（ ）。

　　A. 凸出墙面的砖垛单独列项　　　　B. 框架梁间内墙按梁间墙体积计算

　　C. 围墙扣除柱所占体积　　　　　　D. 平屋顶外墙算至钢筋混凝土板顶面

【答案】B

【解析】外墙：平层顶算至钢筋混凝土板底。框架间墙工程量计算不分内外墙，按墙体净尺寸以体积计算。围墙柱并入围墙体积内计算。

7. 根据《房屋建筑与装饰工程工程量计算规范》(GB 50854—2013), 砌筑工程垫层工程量应（ ）。

　　A. 按基坑（槽）底设计图示尺寸以面积计算

　　B. 按垫层设计宽度乘以中心线长度以面积计算

　　C. 按设计图示尺寸以体积计算

　　D. 按实际铺设垫层面积计算

【答案】C

【解析】垫层：按设计图示尺寸以体积"m^3"计算。

8. 根据《房屋建筑与装饰工程工程量计算规范》（GB 50854—2013）规定，关于砌块墙高度计算正确的是（　　）。

A. 外墙从基础顶面算至平屋面板底面

B. 女儿墙从屋面板顶面算至压顶顶面

C. 围墙从基础顶面算至混凝土压顶上表面

D. 外山墙从基础顶面算至山墙最高点

【答案】B

【解析】外墙：斜（坡）屋面无檐口天棚者算至屋面板底；有屋架且室内外均有天棚者算至屋架下弦底另加200mm，无天棚者算至屋架下弦底另加300mm，出檐宽度超过600mm时按实砌高度计算；有钢筋混凝土楼板隔层者算至板顶。平屋顶算至钢筋混凝土板底。女儿墙：从屋面板上表面算至女儿墙顶面（如有混凝土压顶时算至压顶下表面）。内、外山墙：按其平均高度计算。

9. 根据《建设工程工程量清单计价规范》（GB 50500—2013）附录A，关于实心砖墙高度计算的说法，正确的是（　　）。

A. 有屋架且室内外均有天棚者，外墙高度算至屋架下弦底另加100mm

B. 有屋架且无天棚者，外墙高度算至屋架下弦底另加200mm

C. 无屋架者，内墙高度算至天棚底另加300mm

D. 女儿墙高度从屋面板上表面算至混凝土压顶下表面

【答案】D

【解析】内墙：位于屋架下弦者，算至屋架下弦底；无屋架者算至天棚底另加100mm；有钢筋混凝土楼板隔层者算至楼板顶；有框架梁时算至梁底。

考点五、混凝土及钢筋混凝土工程

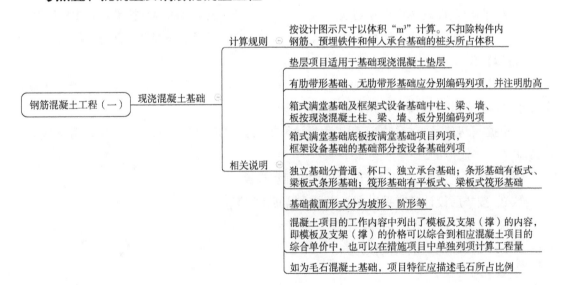

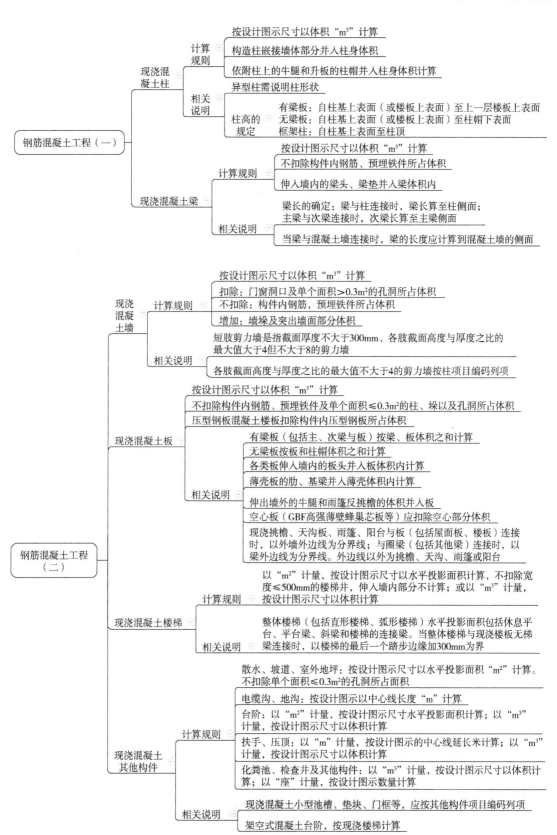

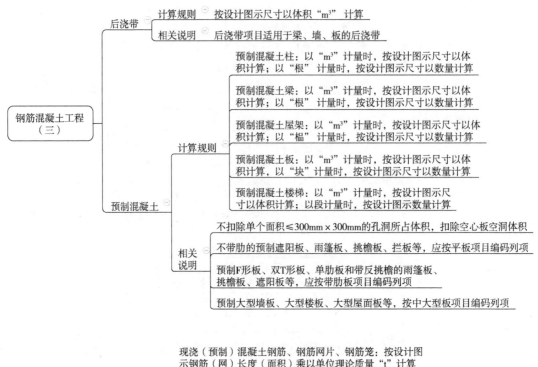

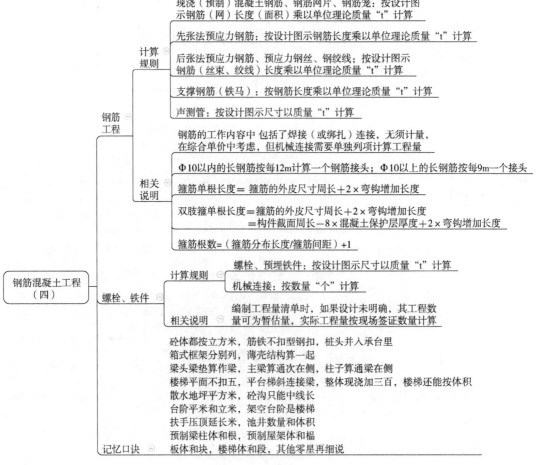

第五章 工程计量

经典真题

1. 根据《房屋建筑与装饰工程工程量计算规范》（GB 50854—2013），现浇混凝土过梁工程量计算正确的是（　　）。

    A. 伸入墙内的梁头计入梁体积

    B. 墙内部分的梁垫按其他构件项目列项

    C. 梁内钢筋所占体积予以扣除

    D. 按设计图示中心线计算

   【答案】A

   【解析】现浇混凝土梁按设计图示尺寸以体积"m^3"计算。不扣除构件内钢筋、预埋铁件所占体积，伸入墙内的梁头、梁垫并入梁体积内。

2. 现浇混凝土雨篷工程量计算正确的是（　　）。

    A. 并入墙体工程量，不单独列项

    B. 按水平投影面积计算

    C. 按设计图纸尺寸以墙外部分体积计算

    D. 扣除伸出墙外的牛腿体积

   【答案】C

   【解析】现浇挑檐、天沟板、雨篷、阳台与板（包括屋面板、楼板）连接时，以外墙外边线为分界线；与圈梁（包括其他梁）连接时，以梁外边线为分界线。外边线以外为挑檐、天沟、雨篷或阳台。

3. 根据《房屋建筑与装饰工程工程量计算规范》（GB 50854—2013），现浇混凝土肢剪力墙工程量计算正确的是（　　）。

    A. 短肢剪力墙按现浇混凝土异形墙列项

    B. 各肢截面高度与厚度之比大于5时按现浇混凝土矩形柱列项

    C. 各肢截面高度与厚度之比小于4时按现浇混凝土墙列项

    D. 各肢截面高度与厚度之比为4.5时，按短肢剪力墙列项

   【答案】D

   【解析】短肢剪力墙是指截面厚度不大于300mm、各肢截面高度与厚度之比的最大值大于4但不大于8的剪力墙。各肢截面高度与厚度之比的最大值不大于4的剪力墙按柱项目编码列项。

4. 根据《房屋建筑与装饰工程工程量计算规范》（GB 50854—2013），现浇混凝土构件清单工程量计算正确的是（　　）。

    A. 建筑物散水工程量并入地坪不单独计算

    B. 室外台阶工程量并入室外楼梯工程量

    C. 压顶工程量可按设计图示尺寸以体积计算，以"m^3"计量

D. 室外坡道工程量不单独计算

【答案】C

【解析】散水、坡道：按设计图示尺寸以水平投影面积"m²"计算。台阶：以"m²"计量，按设计图示尺寸水平投影面积计算；以"m³"计量，按设计图示尺寸以体积计算。

5. 根据《房屋建筑与装饰工程工程量计算规范》（GB 50854—2013），钢筋工程量计算正确的是（ ）。

　　A. 钢筋机械连接需单独列项计算工程量

　　B. 设计未标明连接的均按每12m计算1个接头

　　C. 框架梁贯通钢筋长度不含两端锚固长度

　　D. 框架梁贯通钢筋长度不含搭接长度

【答案】A

【解析】Φ10以内的长钢筋按每12m计算一个钢筋接头；Φ10以上的长钢筋按每9m一个接头。钢筋的工作内容中包括了焊接（或绑扎）连接，无须计量，在综合单价中考虑，但机械连接需要单独列项计算工程量。

6. 根据《房屋建筑与装饰工程工程量计算规范》（GB 50854—2013），现浇混凝土板清单工程量计算正确的有（ ）。

　　A. 压型钢板混凝土楼板扣除钢板所占体积

　　B. 空心板不扣除空心部分体积

　　C. 雨篷反挑檐的体积并入雨板内一并计算

　　D. 悬挑板不包括伸出墙外的牛腿体积

　　E. 挑檐板按设计图尺寸以体积计算

【答案】ACE

【解析】现浇混凝土板按设计图示尺寸以体积"m³"计算。压型钢板混凝土楼板扣除构件内压型钢板所占体积。空心板（GBF高强薄壁蜂巢芯板等）应扣除空心部分体积。伸出墙外的牛腿和雨篷反挑檐的体积并入板内。

7. 根据《房屋建筑与装饰工程工程量计算规范》（GB 50854—2013），预制混凝土构件工程量计算正确的是（ ）。

　　A. 过梁按照设计图示尺寸以中心线长度计算

　　B. 平板按照设计图示以水平投影面积计算

　　C. 楼梯按照设计图示尺寸以体积计算

　　D. 井盖板按照设计图示尺寸以面积计算

【答案】C

【解析】预制混凝土梁：以"m³"计量时，按设计图示尺寸以体积计算；以"根"计量时，按设计图示尺寸以数量计算。预制混凝土板：以"m³"计量时，按设计图示尺寸以体积计算，以"块"计量时，按设计图示尺寸以数量计算。预制混凝土楼梯：以"m³"计量时，按设计图示尺寸以体积计算；以段计量时，按设计图示数量计算。

8. 根据《房屋建筑与装饰工程工程量计算规范》（GB 50854—2013），钢筋工程中钢筋网片工程量（　　）。

　　A. 不单独计算
　　B. 按设计图示以数量计算
　　C. 按设计图示面积乘以单位理论质量计算
　　D. 按设计图尺寸以片计算

【答案】C

【解析】现浇（预制）钢筋网片：按设计图示钢筋（网）长度（面积）乘以单位理论质量以"t"计算。

9. 根据《房屋建筑与装饰工程工程量计算规范》（GB 50854—2013），混凝土框架柱工程量应（　　）。

　　A. 按设计图示尺寸扣除板厚所占部分以体积计算
　　B. 区别不同截面以长度计算
　　C. 按设计图示尺寸不扣除梁所占部分以体积计算
　　D. 按柱基上表面至梁底面部分以体积计算

【答案】C

【解析】现浇混凝土柱按设计图示尺寸以体积"m^3"计算。梁长的确定：梁与柱连接时，梁长算至柱侧面；主梁与次梁连接时，次梁长算至主梁侧面。

10. 根据《房屋建筑与装饰工程工程量计算规范》（GB 50854—2013），现浇混凝土墙工程量应（　　）。

　　A. 扣除突出墙面部分体积　　　　　B. 不扣除面积为 0.33m^2 孔洞体积
　　C. 伸入墙内的梁头计入　　　　　　D. 扣除预埋铁件体积

【答案】C

【解析】现浇混凝土墙按设计图示尺寸以体积"m^3"计算。扣除：门窗洞口及单个面积 $>0.3m^2$ 的孔洞所占体积。不扣除：构件内钢筋，预埋铁件所占体积。增加：墙垛及突出墙面部分体积。

考点六、金属结构工程

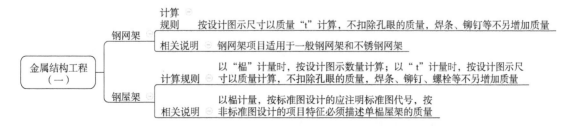

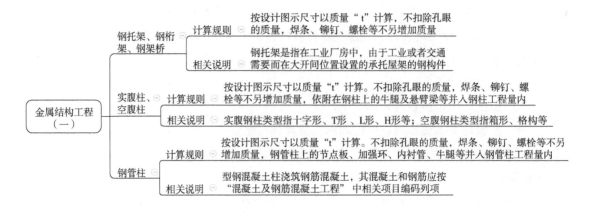

经典真题

1. 根据《房屋建筑与装饰工程工程量计算规范》（GB 50854—2013），金属结构钢管柱清单工程量计算时，不予计量的是（   ）。

  A. 节点板   B. 螺栓   C. 加强环   D. 牛腿

【答案】B

【解析】钢管柱按设计图示尺寸以质量"t"计算。不扣除孔眼的质量，焊条、铆钉、螺栓等不另增加质量，钢管柱上的节点板、加强环、内衬管、牛腿等并入钢管柱工程量内。

2. 根据《房屋建筑与装饰工程工程量计算规范》（GB 50854—2013），压型钢板楼板清单工程量计算应（   ）。

  A. 按设计图示数量计算，以"t"计量

  B. 按设计图示规格计算、以"块"计量

C. 不扣除孔洞部分

D. 按设计图示以铺设水平投影面积计算，以"m²"计量

【答案】D

【解析】压型钢板楼板按设计图示尺寸以铺设水平投影面积计算。不扣除单个面积≤0.3m²的柱、垛及孔洞所占面积。

3. 根据《建设工程工程量清单计价规范》（GB 50500—2013），下列关于压型钢板墙板工程量计算，正确的是（　　）。

A. 按设计图示尺寸以质量计算

B. 按设计图示尺寸铺挂面积计算

C. 包角、包边部分按设计尺寸以质量计算

D. 窗台泛水部分按设计尺寸以面积计算

【答案】B

【解析】压型钢板墙板按设计图示尺寸以铺挂面积计算，不扣除单个面积≤0.3m²的梁、孔洞所占面积，包角、包边、窗台泛水等不另加面积。

考点七、木结构工程

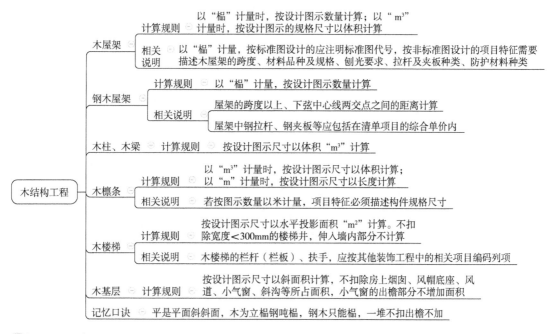

经典真题

根据《房屋建筑与装饰工程工程量计算规范》（GB 50854—2013），非标准图设计木屋架项目特征中应描述（　　）。

A. 跨度　　　　　　　　　　B. 材料品种及规格

C. 运输和吊装要求　　　　　D. 刨光要求

E. 防护材料种类

【答案】ABDE

【解析】木屋架以"榀"计量，按标准图设计的应注明标准图代号，按非标准图设计的项目特征需要描述木屋架的跨度、材料品种及规格、刨光要求、拉杆及夹板种类、防护材料种类。

考点八、门窗工程

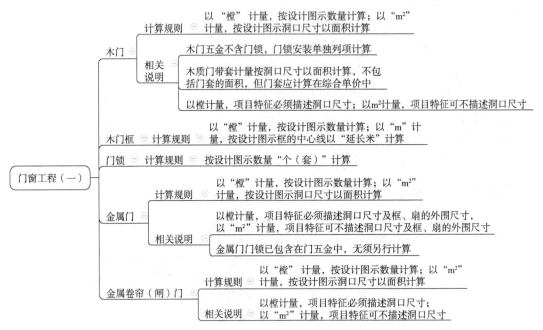

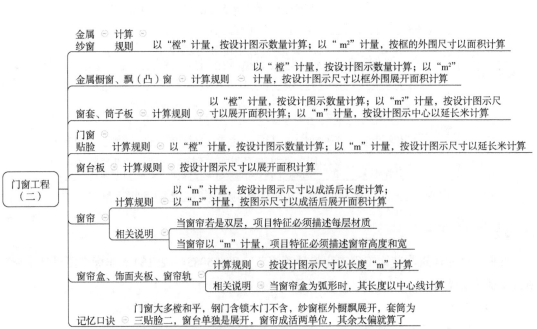

经典真题

1. 根据《房屋建筑与装饰工程工程量计算规范》（GB 50854—2013），木门综合单价计算不包括（　　）。

　　A. 折页、插销安装　　　　　　　　B. 门碰珠、弓背拉手安装

　　C. 弹簧折页安装　　　　　　　　　D. 门锁安装

【答案】D

【解析】木门五金不含门锁，门锁安装单独列项计算。

2. 根据《房屋建筑与装饰工程工程量计算规范》（GB 50854—2013），金属门清单工程量计算正确的是（　　）。

　　A. 门锁、拉手按金属门五金一并计算，不单列项

　　B. 按设计图示洞口尺寸以质量计算

　　C. 按设计门框或扇外围图示尺寸以质量计算

　　D. 钢质防火门和防盗门不按金属门列项

【答案】A

【解析】金属门门锁已包含在门五金中，无须另行计算。

3. 根据《房屋建筑与装饰工程工程量计算规范》（GB 50854—2013），以"樘"计的金属橱窗项目特征中必须描述（　　）。

　　A. 洞口尺寸　　　　　　　　　　　B. 玻璃面积

　　C. 窗设计数量　　　　　　　　　　D. 框外围展开面积

【答案】D

【解析】以"樘"计量，按设计图示数量计算；以"m²"计量，按设计图示尺寸以框外围展开面积计算。

考点九、屋面及防水工程

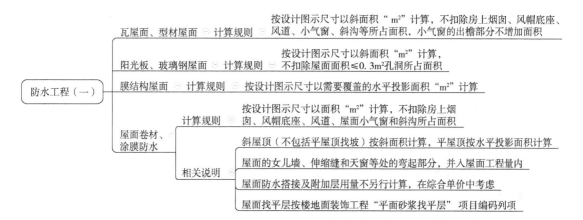

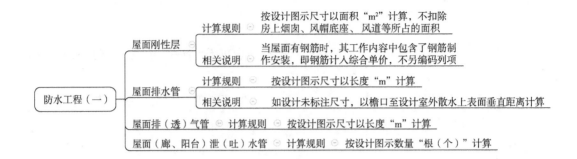

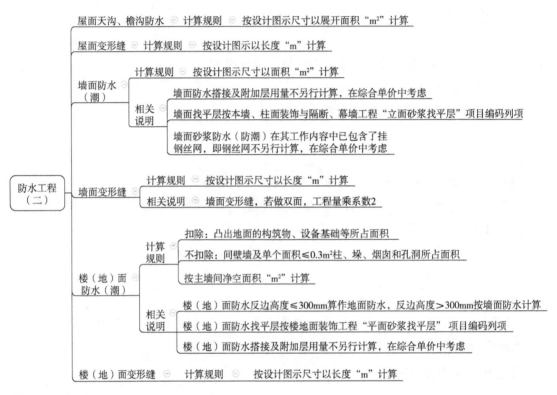

经典真题

1. 根据《房屋建筑与装饰工程工程量计算规范》(GB 50854—2013)，屋面防水工程量计算正确的是（ ）。

   A. 斜屋面按水平投影面积计算

   B. 女儿墙处弯起部分应单独列项计算

   C. 防水卷材搭接用量不另行计算

   D. 屋面伸缩缝弯起部分应单独列项计算

【答案】C

【解析】屋面卷材、涂膜防水按设计图示尺寸以面积"m²"计算，不扣除房上烟囱、风帽底座、风道、屋面小气窗和斜沟所占面积。斜屋顶（不包括平屋顶找坡）按斜面积计算，平屋顶按水平投影面积计算。屋面的女儿墙、伸缩缝和天窗等处的弯起部分，并入屋面工程量内。屋面防水搭接及附加层用量不另行计算，在综合单价中考虑。

2. 根据《房屋建筑与装饰工程工程量计算规范》（GB 50854—2013），关于墙面变形缝防水防潮工程量，计算正确的有（　　）。

  A. 墙面卷材防水按设计图示尺寸以面积计算

  B. 墙面防水搭接及附加层用量应另行计算

  C. 墙面砂浆防水项目中，钢丝网不另行计算，在综合单价中考虑

  D. 墙面变形缝按设计图示立面投影面积计算

  E. 墙面变形缝若做双面，按设计图示长度尺寸乘以 2 计算

【答案】ACE

【解析】墙面防水搭接及附加层用量不另行计算，在综合单价中考虑。墙面变形缝按设计图示尺寸以长度"m"计算，若做双面，工程量乘以系数2。

考点十、保温、隔热、防腐工程

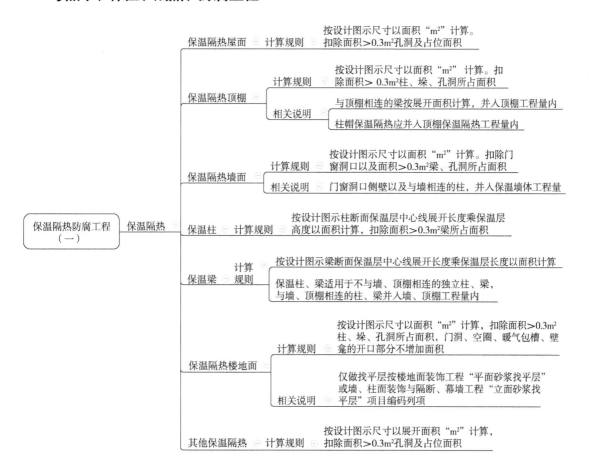

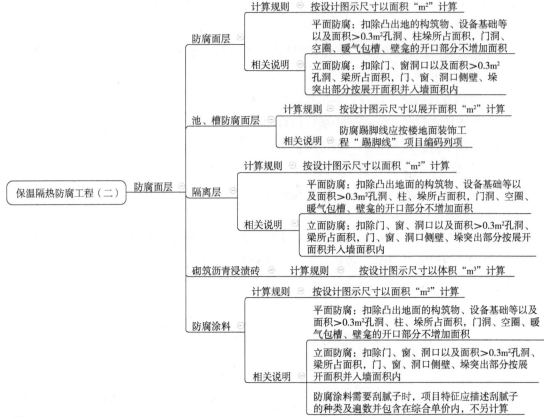

经典真题

1. 根据《房屋建筑与装饰工程工程量计算规范》(GB 50854—2013)，与墙相连的墙间柱保温隔热工程量计算正确的是（　　）。

　　A. 按设计图示尺寸以面积"m²"单独计算

　　B. 按设计图示尺寸以柱高"m"单独计算

　　C. 不单独计算，并入保温墙体工程量内

　　D. 按计算图示以柱展开面积"m²"单独计算

【答案】C

【解析】保温柱按设计图示柱断面保温层中心线展开长度乘保温层高度以面积计算，扣除面积>0.3m²梁所占面积。门窗洞口侧壁以及与墙相连的柱，并入保温墙体工程量。

2. 根据《房屋建筑与装饰工程工程量计算规范》(GB 50584—2013)规定，有关防腐工程量计算，说法正确的是（　　）。

　　A. 隔离层平面防腐，门洞开口部分按图示面积计入

　　B. 隔离层立面防腐，门洞口侧壁部分不计算

　　C. 砌筑沥青浸渍砖，按图示水平投影面积计算

　　D. 立面防腐涂料，门洞侧壁按展开面积并入墙面积内

【答案】D

【解析】 平面防腐：扣除凸出地的构筑物、设备基础等以及面积>0.3m² 孔洞、柱垛所占面积，门洞、空圈、暖气包槽、壁龛的开口部分不增加面积。立面防腐：扣除门、窗洞口以及面积>0.3m² 孔洞、梁所占面积，门、窗、洞口侧壁、垛突出部分按展开面积并入墙面积内。砌筑沥青浸渍砖按设计图示尺寸以体积"m³"计算。

考点十一、地墙顶装饰工程

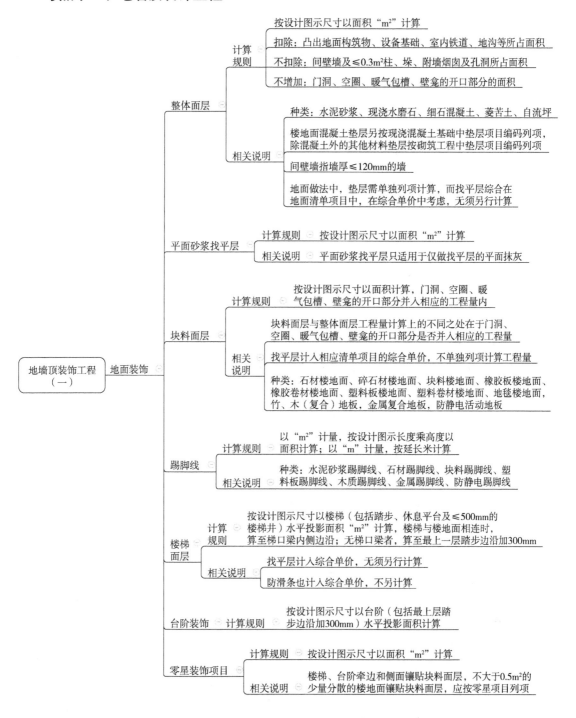

> 经典真题

1. 根据《房屋建筑与装饰工程工程量计算规则》(GB 50854—2013)，踢脚线工程量应（　　）。

　　A. 不予计算

　　B. 并入地面面层工程量

　　C. 按设计图示尺寸以长度计算

　　D. 按设计图示长度乘以高度以面积计算

【答案】D

【解析】踢脚线以"m^2"计量，按设计图示长度乘高度以面积计算；以"m"计量，按延长米计算。

2. 根据《房屋建筑与装饰工程程量计算规范》(GB 50854—2013)，楼地面装饰工程量计算正确的有（　　）。

　　A. 现浇水磨石楼地面按设计图示尺寸以面积计算

　　B. 细石混凝土楼地面按设计图示尺寸以体积计算

　　C. 块料台阶面按设计图示尺寸以展开面积计算

　　D. 金属踢脚线按延长米计算

　　E. 石材楼地面按设计图示尺寸以面积计算

【答案】ADE

【解析】整体面层种类：水泥砂浆、现浇水磨石、细石混凝土、菱苦土、自流坪，按设计图示尺寸以面积"m^2"计算。台阶装饰按设计图示尺寸以台阶（包括最上层踏步边沿加300mm）水平投影面积计算。

3. 根据《建设工程工程量清单计价规范》(GB 50500—2013)附录A，关于楼梯梯面装饰工程量计算的说法，正确的是（　　）。

　　A. 按设计图示尺寸以楼梯（不含楼梯井）水平投影面积计算

　　B. 按设计图示尺寸以楼梯梯段斜面积计算

　　C. 楼梯与楼地面连接时，算至梯口梁外侧边沿

　　D. 无梯口梁者，算至最上一层踏步边沿加300mm

【答案】D

【解析】楼梯面层按设计图示尺寸以楼梯（包括踏步、休息平台及≤500mm的楼梯井）水平投影面积"m^2"计算，楼梯与楼地面相连时，算至梯口梁内侧边沿；无梯口梁者，算至最上一层踏步边沿加300mm。

第五章 工程计量

```
地墙顶装饰工程
（二）
├─ 墙面装饰
│   ├─ 墙面抹灰
│   │   ├─ 计算规则
│   │   │   ├─ 按设计图示尺寸以面积"m²"计算
│   │   │   ├─ 扣除：墙裙、门窗洞口及单个>0.3m²的孔洞面积
│   │   │   ├─ 不扣除：踢脚线、挂镜线和墙与构件交接处的面积
│   │   │   ├─ 增加：附墙柱、梁、垛、烟囱侧壁和飘窗凸出外墙面的面积
│   │   │   └─ 不增加：门窗洞口和孔洞的侧壁及顶面的面积
│   │   └─ 相关说明
│   │       ├─ 外墙抹灰面积按外墙垂直投影面积计算
│   │       ├─ 外墙裙抹灰面积按其长度乘以高度计算
│   │       ├─ 内墙抹灰面积按主墙间的净长乘以高度计算
│   │       ├─ 无墙裙的内墙高度按室内楼地面至顶棚底面计算；
│   │       │   有墙裙的内墙高度按墙裙顶至顶棚底面计算
│   │       ├─ 有吊顶顶棚的内墙面抹灰，抹至吊顶以上部分在综合单价中考虑，不另计算
│   │       └─ 内墙裙抹灰面积按内墙净长乘以高度计算
│   ├─ 柱面抹灰 ─ 计算规则 ─ 按设计图示柱断面周长乘高度以面积"m²"计算
│   ├─ 梁面抹灰
│   │   ├─ 计算规则 ─ 按设计图示梁断面周长乘长度以面积"m²"计算
│   │   └─ 相关说明
│   │       ├─ 柱（梁）面抹石灰砂浆、水泥砂浆、混合砂浆、聚合物水泥砂浆、麻刀石灰浆、石膏灰浆等按柱（梁）面一般抹灰编码列项
│   │       └─ （梁）面水刷石、斩假石、干粘石、假面砖等按柱（梁）面装饰抹灰项目编码列项
│   ├─ 柱面勾缝 ─ 计算规则 ─ 按设计图示柱断面周长乘高度以面积"m²"计算
│   ├─ 零星抹灰
│   │   ├─ 计算规则 ─ 按设计图示尺寸以面积"m²"计算
│   │   └─ 相关说明 ─ 墙、柱（梁）面≤0.5m²的少量分散的抹灰按零星抹灰项目编码列项
│   ├─ 墙面块料面层 ─ 计算规则 ─ 按镶贴表面积"m²"计算
│   ├─ 干挂石材钢骨架 ─ 计算规则 ─ 按设计图示尺寸以质量"t"计算
│   ├─ 柱（梁）面镶贴块料
│   │   ├─ 计算规则 ─ 按设计图示尺寸以镶贴表面积"m²"计算
│   │   └─ 相关说明 ─ 柱梁面干挂石材的钢骨架按"墙面块料面层"中相应项目编码列项
│   └─ 镶贴零星块料
│       ├─ 计算规则 ─ 按镶贴表面积"m²"计算
│       └─ 相关说明 ─ 墙柱面≤0.5m²的少量分散的镶贴块料面层按零星项目执行
```

经典真题

1. 根据《房屋建筑与装饰工程工程量计算规范》（GB 50854—2013），墙面抹灰工程量计算正确的是（   ）。

　　A. 墙面抹灰中墙面勾缝不单独列项

　　B. 有吊顶顶棚的内墙面抹灰抹至吊顶以上部分应另行计算

　　C. 墙面水刷石按墙面装饰抹灰编码列项

　　D. 墙面抹石膏灰浆按墙面装饰抹灰编码列项

【答案】C

【解析】墙面抹灰中墙面勾缝应单独列项。有吊顶顶棚的内墙面抹灰，抹至吊顶以上部分在综合单价中考虑，不另计算。柱（梁）面抹石灰砂浆、水泥砂浆、混合砂浆、聚合物水泥砂浆、麻刀石灰浆、石膏灰浆等按柱（梁）面一般抹灰编码列项。（梁）面水刷石、斩假石、干粘石、假面砖等按柱（梁）面装饰抹灰项目编码列项。

2. 根据《房屋建筑与装饰工程工程量计算规范》(GB 50854—2013),幕墙工程工程量计算正确的是( )。

A. 应扣除与带骨架幕墙同种材质的窗所占面积
B. 带肋全玻幕墙玻璃肋工程量应单独计算
C. 带骨架幕墙按图示框内围尺寸以面积计算
D. 带肋全玻幕墙按展开面积计算

【答案】D

【解析】带骨架幕墙按设计图示框外围尺寸以面积"m^2"计算。与幕墙同种材质的窗所占面积不扣除,幕墙上的门应单独计算工程量。全玻(无框玻璃)幕墙按设计图示尺寸以面积"m^2"计算。带肋全玻幕墙按展开面积计算,玻璃肋的工程量并入到玻璃幕墙工程量内计算。

3. 根据《房屋建筑与装饰工程工程量计算规范》(GB 50854—2013),关于柱面抹灰工程量计算正确的是( )。

A. 柱面勾缝忽略不计
B. 柱面抹灰石灰砂浆按柱面装饰抹灰编码列项
C. 柱面抹灰按设计断面周长乘以高度以面积计算
D. 柱面勾缝按设计断面周长乘以高度以面积计算
E. 柱面砂浆找平按设计断面周长乘以高度以面积计算

【答案】CDE

【解析】柱面勾缝按设计图示柱断面周长乘高度以面积"m^2"计算。柱(梁)面抹石灰砂浆、水泥砂浆、混合砂浆、聚合物水泥砂浆、麻刀石灰浆、石膏灰浆等按柱(梁)面一般抹灰编码列项。

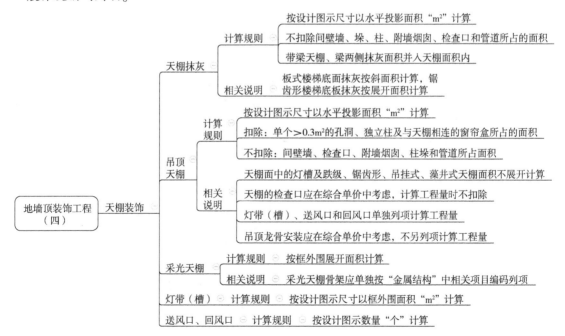

经典真题

1. 根据《房屋建筑与装饰工程工程量计算规范》(GB 50854—2013) 计算采光天棚工程量正确的是（　　）。

    A. 按设计图示尺寸框外围展开面积计算

    B. 按设计图示尺寸水平投影面积计算

    C. 采光顶棚的骨架工程量计入顶棚工程量

    D. 吊顶龙骨工程量另行计算。

【答案】A

【解析】采光顶棚按框外围展开面积计算，吊顶龙骨安装应在综合单价中考虑，不另列项计算工程量。

2. 根据《房屋建筑与装饰工程工程量计算规范》(GB 50854—2013)，天棚抹灰工程量计算正确的是（　　）。

    A. 扣除检查口和管道所占面积

    B. 板式楼梯底面抹灰按水平投影面积计算

    C. 扣除间壁墙、垛和柱所占面积

    D. 锯齿形楼梯底板抹灰按展开面积计算

【答案】D

【解析】天棚抹灰按设计图示尺寸以水平投影面积"m²"计算，不扣除间壁墙、垛、柱、附墙烟囱、检查口和管道所占的面积，带梁天棚、梁两侧抹灰面积并入天棚面积内。板式楼梯底面抹灰按斜面积计算，锯齿形楼梯底板抹灰按展开面积计算。

考点十二、油漆、涂料、裱糊工程

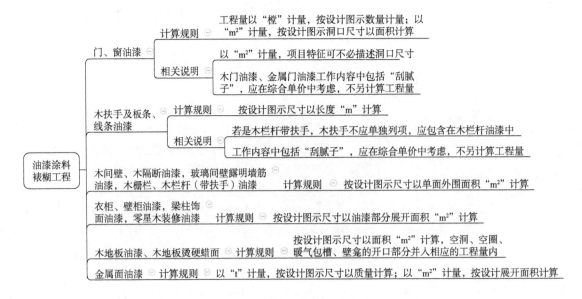

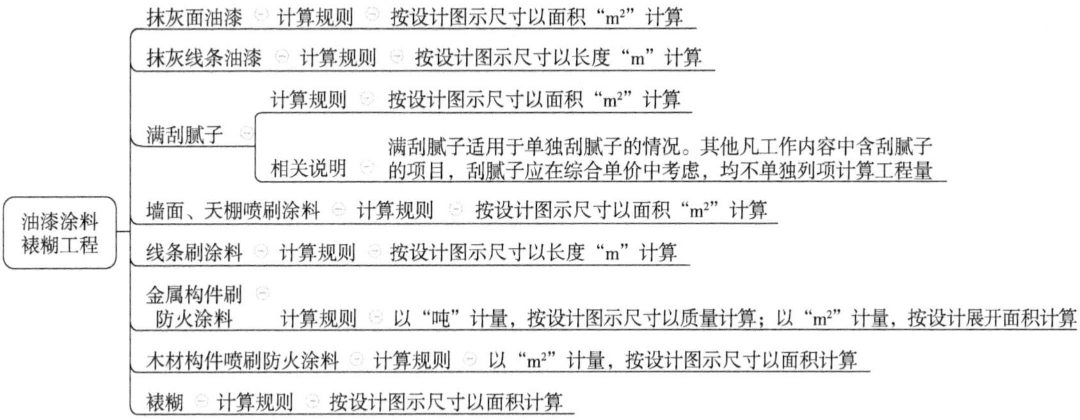

第五章　工程计量

油漆涂料裱糊工程
- 抹灰面油漆 — 计算规则 — 按设计图示尺寸以面积"m²"计算
- 抹灰线条油漆 — 计算规则 — 按设计图示尺寸以长度"m"计算
- 满刮腻子
  - 计算规则 — 按设计图示尺寸以面积"m²"计算
  - 相关说明 — 满刮腻子适用于单独刮腻子的情况。其他凡工作内容中含刮腻子的项目，刮腻子应在综合单价中考虑，均不单独列项计算工程量
- 墙面、天棚喷刷涂料 — 计算规则 — 按设计图示尺寸以面积"m²"计算
- 线条刷涂料 — 计算规则 — 按设计图示尺寸以长度"m"计算
- 金属构件刷防火涂料 — 计算规则 — 以"吨"计量，按设计图示尺寸以质量计算；以"m²"计量，按设计展开面积计算
- 木材构件喷刷防火涂料 — 计算规则 — 以"m²"计量，按设计图示尺寸以面积计算
- 裱糊 — 计算规则 — 按设计图示尺寸以面积计算

经典真题

1. 根据《房屋建筑与装饰工程工程量计算规范》（GB 50854—2013），关于涂料工程量的计算，说法正确的是（　　）。

    A. 木材构件喷刷防火涂料按设计图示尺寸以面积计算

    B. 金属构件刷防火涂料按构件单面外围面积计算

    C. 空花格栏杆刷涂料按设计图示尺寸以双面面积计算

    D. 线条刷涂料按设计展开面积计算

【答案】A

【解析】金属面油漆以"t"计量，按设计图示尺寸以质量计算；以"m²"计量，按设计展开面积计算。栏杆刷涂料按设计图示尺寸以面积计算。线条刷涂料按设计图示尺寸以长度"m"计算。

2. 根据《房屋建筑与装饰工程工程量计算规范》（GB 50854—2013），关于油漆工程量计算的说法，正确的有（　　）。

    A. 金属门油漆按设计图示洞口尺寸以面积计算

    B. 封檐板油漆按设计图示尺寸以面积计算

    C. 门窗套油漆按设计图示尺寸以面积计算

    D. 木隔断油漆按设计图示尺寸以单面外围面积计算

    E. 窗帘盒油漆按设计图示尺寸以面积计算

【答案】ACD

【解析】木扶手及板条、线条油漆按设计图示尺寸以长度"m"计算。窗帘盒油漆按设计图示尺寸以长度计算。

3. 根据《建设工程工程量清单计价规范》（GB 50500—2013）附录B，按面积计算油漆、涂料工程量的是（　　）。

    A. 栏杆刷涂料　　　　　　　　B. 线条刷涂料

C. 木扶手油漆　　　　D. 金属面油漆

【答案】A

【解析】木扶手及板条、线条油漆按设计图示尺寸以长度“m”计算。金属面油漆以“t”计量，按设计图示尺寸以质量计算；以“m^2”计量，按设计展开面积计算。

考点十三、其他装饰工程

- 其他装饰工程
  - 柜类、货架 — 计算规则 — 以“个”计量，按设计图示数量计量；以“m”计量，按设计图示尺寸以延长米计算；以“m^3”计量，按设计图示尺寸以体积计算
  - 压条、装饰线 — 计算规则 — 按设计图示尺寸以长度“m”计算
  - 扶手、栏杆、栏板装饰 — 计算规则 — 按设计图示尺寸以扶手中心线以长度（包括弯头长度）“m”计算
  - 暖气罩 — 计算规则 — 按设计图示尺寸以垂直投影面积（不展开）“m^2”计算
  - 洗漱台 — 计算规则 — 按设计图示尺寸以台面外接矩形面积“m^2”计算；或按设计图示数量“个”计算，不扣除孔洞、挖弯、削角所占面积，挡板、吊沿板面积并入台面面积内
  - 晒衣架、帘子杆、浴缸拉手、卫生间扶手、毛巾杆（架）、毛巾环、卫生纸盒、肥皂盒、镜箱 — 计算规则 — 按设计图示数量“个”计算
  - 毛巾杆（架）— 计算规则 — 按设计图示数量“套”计算
  - 毛巾环 — 计算规则 — 按设计图示数量“副”计算
  - 镜面玻璃 — 计算规则 — 按设计图示尺寸以边框外围面积“m^2”计算
  - 雨篷吊挂饰面、玻璃雨篷 — 计算规则 — 按设计图示尺寸以水平投影面积“m^2”计算
  - 平面、箱式招牌 — 计算规则 — 按设计图示尺寸以正立面边框外围面积“m^2”计算。复杂形的凸凹造型部分不增加面积
  - 竖式标箱、灯箱，信报箱 — 计算规则 — 按设计图示数量计算，以“个”为单位计量
  - 美术字 — 计算规则 — 按设计图示数量计算，以“个”为单位计量

经典真题

1. 根据《建设工程工程量清单计价规范》（GB 50500—2013），扶手、栏杆装饰工程量计算应按（　　）。

A. 设计图示尺寸以扶手中心线的长度（不包括弯头长度）计算

B. 设计图示尺寸以扶手中心线的长度（包括弯头长度）计算

C. 设计图示尺寸扶手以长度计算，栏杆以垂直投影面积计算

D. 设计图示尺寸扶手以长度计算，栏杆以单面面积计算

【答案】B

【解析】扶手、栏杆、栏板装饰按设计图示尺寸以扶手中心线以长度（包括弯头长度）“m”计算。

2. 根据《建设工程工程量清单计价规范》（GB 50500—2013），装饰装修工程中可按设计图示数量计算工程量的是（　　）。

A. 镜面玻璃　　　　B. 厨房壁柜

C. 雨篷吊挂饰面　　　　D. 金属窗台板

【答案】B

【解析】镜面玻璃按设计图示尺寸以边框外围面积"m²"计算。柜类、货架以"个"计量，按设计图示数量计量；以"m"计量，按设计图示尺寸以延长米计算；以"m³"计量，按设计图示尺寸以体积计算。雨篷吊挂饰面按设计图示尺寸以水平投影面积"m²"计算。窗台板按设计图示尺寸以展开面积计算。

3. 根据《建设工程工程量清单计价规范》（GB 50500—2013），装饰装修工程中按设计图尺寸以面积计算工程量的有（　　）。

　　A. 线条刷涂料　　　　　　　　B. 金属扶手带栏杆、栏板
　　C. 全玻璃幕墙　　　　　　　　D. 干挂石材钢骨架
　　E. 织锦缎裱糊

【答案】CE

【解析】压条、装饰线按设计图示尺寸以长度"m"计算。扶手、栏杆、栏板装饰按设计图示尺寸以扶手中心线以长度（包括弯头长度）"m"计算。全玻（无框玻璃）幕墙按设计图示尺寸以面积"m²"计算。幕墙钢骨架按干挂石材钢骨架另列项目按"t"计算。裱糊按设计图示尺寸以面积计算。

考点十四、拆除工程

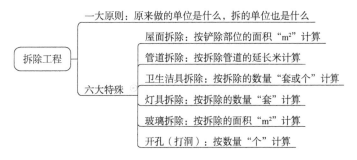

经典真题

1. 根据《房屋建筑与装饰工程工程量计算规范》（GB 50854—2013），混凝土构件拆除清单工程量计算正确的是（　　）。

　　A. 可按拆除构件的虚方工程量计算，以"m³"计量
　　B. 可按拆除部位的面积计算，以"m²"计量
　　C. 可按拆除构件的运输工程量计算，以"m³"计量
　　D. 按拆除构件的质量计算，以"t"计量

【答案】B

【解析】混凝土按什么做就按什么拆。

考点十五、措施项目

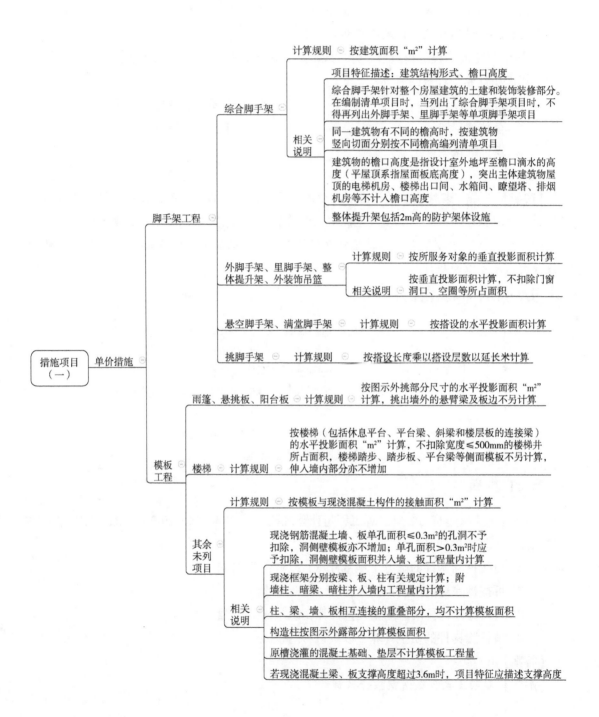

第五章 工程计量

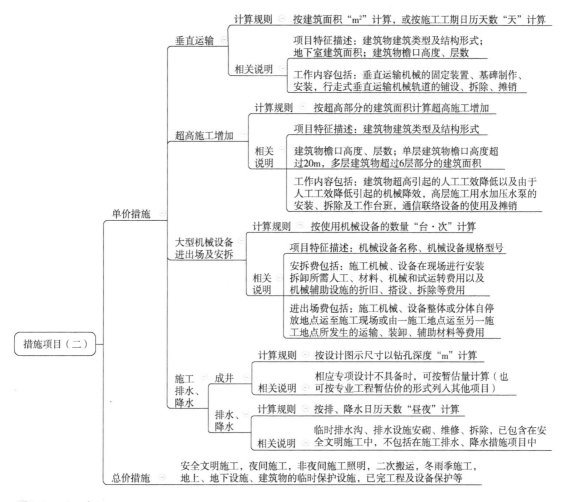

经典真题

1. 根据《房屋建筑与装饰工程工程量计算规范》（GB 50854—2013），安全文明施工措施包括的内容有（　　）。

  A. 地上、地下设施保护   B. 环境保护

  C. 安全施工   D. 临时设施

  E. 文明施工

【答案】BCDE

【解析】安全文明环临时。

2. 根据《房屋建筑与装饰工程工程量计算规范》（GB 50854—2013），措施项目工程量计算有（　　）。

  A. 垂直运输按使用机械设备数量计算

  B. 悬空脚手架按搭设的水平投影面积计算

  C. 排水、降水工程量，按排水、降水日历天数计算

D. 整体提升架按所服务对象的垂直投影面积计算

E. 超高施工增加按建筑物超高部分的建筑面积计算

【答案】BCDE

【解析】垂直运输按建筑面积"m^2"计算，或按施工工期日历天数"天"计算。

3. 根据《房屋建筑与装饰工程工程量计算规范》（GB 50854—2013），措施项目工程量计算正确的有（　　）。

A. 里脚手架按建筑面积计算

B. 满堂脚手架按搭设水平投影面积计算

C. 混凝土墙模板按模板与墙接触面积计算

D. 混凝土构造柱模板按图示外露部分计算模板面积

E. 超高施工增加费包括人工、机械降效、供水加压以及通信联络设备费用

【答案】BCDE

【解析】里脚手架按所服务对象的垂直投影面积计算。

4. 根据《房屋建筑与装饰工程工程量计算规范》（GB 50854—2013），关于综合脚手架，说法正确的有（　　）。

A. 工程量按建筑面积计算

B. 用于屋顶加层时应说明加层高度

C. 项目特征应说明建筑结构形式和檐口高度

D. 同一建筑物有不同的檐高时，分别按不同檐高列项

E. 项目特征必须说明脚手架材料

【答案】ACD

【解析】综合脚手架不得用于屋顶加层。项目特征描述：建筑结构形式、檐口高度。

5. 《房屋建筑与装饰工程工程量计算规范》（GB 50854—2013）对以下措施项目详细列明了项目编码、项目特征、计量单位和计算规则的有（　　）。

A. 夜间施工
B. 已完工程及设备保护
C. 超高施工增加
D. 施工排水、降水
E. 混凝土模板及支架

【答案】CDE

【解析】总价措施：安全文明施工，夜间施工，非夜间施工照明，二次搬运，冬雨季施工，地上、地下设施、建筑物的临时保护设施，已完工程及设备保护等。其余均为可计量。